최종호, 정호영, 박진남 지음

고분자 전해질 연료전지 실험

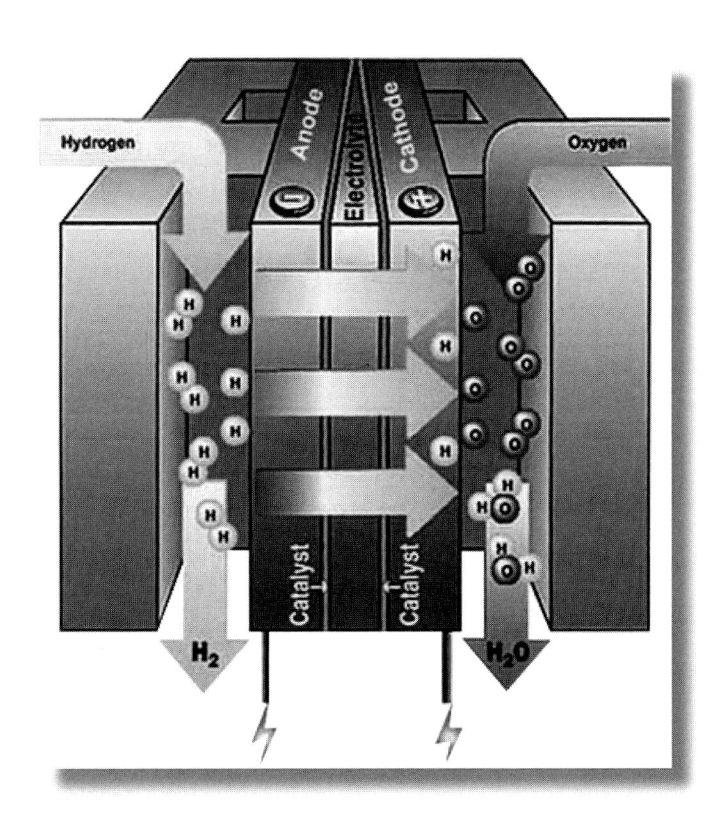

저자

최종호, 경일대학교 신재생에너지학과
정호영, 전남대학교 환경에너지공학과
박진남, 경일대학교 신재생에너지학과

고분자 전해질 **연료전지 실험**

발행일 2015년 5월 28일 초판 1쇄
저　자 최종호, 정호영, 박진남
펴낸이 김준호
펴낸곳 한티미디어 | **주　소** 서울시 마포구 연남로 1길 67 1층
등　록 제15-571호 2006년 5월 15일
전　화 02)332-7993~4 | **팩　스** 02)332-7995
마케팅 박재인 최상욱 김원국 | **관　리** 김지영
편　집 이소영 박새롬 안현희 | **표　지** 박새롬
ISBN 978-89-6421-230-1(93570)
정　가 15,000원

이 책에 대한 의견이나 잘못된 내용에 대한 수정정보는 한티미디어 홈페이지나 이메일로 알려주십시오.
독자님의 의견을 충분히 반영하도록 늘 노력하겠습니다.
홈페이지 www.hanteemedia.co.kr | 이메일 hantee@empal.com

본 연구는 2014년도 산업통상자원부 재원으로 한국에너지기술평가원(KETEP)의 지원을 받아 수행한 연구과제입니다.(NO.20134030100210)

PREFACE

화석 연료의 사용으로 인한 기후 변화 문제와 화석연료의 고갈로 인한 신재생에너지원에 대한 관심과 연구가 어느 때보다 집중되고 있다. 현재 우리나라에서는 태양광, 태양열, 지열, 풍력 등을 비롯한 8가지의 재생에너지와 수소, 연료전지, 석탄가스화액화 등 3가지 신에너지를 신재생에너지로 분류하고 있다. 이 중에서도 가장 현실적 대안이 되고 있는 것은 수소 연료를 기반으로 하는 연료전지임에는 많은 사람들이 동의하고 있다.

현재까지 우리나라에 보급된 대부분의 연료전지는 용융탄산염 연료전지 (MCFC)를 활용하는 발전용 분야에 국한되어 왔다고 해도 과언이 아니다. 하지만 최근에는 고분자 전해질 연료전지(PEMFC)를 기반으로 하는 건물용 연료전지의 보급량이 상당히 늘어났고, 수소연료전지 자동차의 상용화 시점도 거의 눈앞에 다가와 있는 실정이다.

고분자 전해질 연료전지(PEMFC)는 여러 가지 연료전지 중 연료전지의 기본 원리에 가장 충실한 것으로서, 구성 부품이 간단할 뿐 아니라 비교적 쉽게 제작하고 실험해 볼 수 있지만, 학부생의 눈 높이에 맞춰 발간된 실험 교재는 거의 없는 현실이다. 따라서 본 교재에서는 대학교 학부생들이 이해하고, 학부 실험시간에 직접 실습할 수 있을 정도의 수준에서 고분자 전해질 연료전지의 구성 요소에 대한 제작과 평가, 그리고 단위전지의 구동 방법에 대해 소개하고자 한다.

제1부에서는 연료전지에 사용되는 촉매의 제조방법과 촉매의 성능을 평가하는 방법에 대해 소개하였으며, 제2부에서는 고분자 전해질의 합성과 이를 활용한 막의 제작, 고분자 전해질 막의 물성을 평가하는 방법에 대해 다루었다. 제3부에서는 앞서 제조한 촉매 및 고분자 전해질 막을 이용하여 연료전지의 핵심 부품은 막-전극 접합체(MEA)를 제작한 후 수소로 운전되는 고분자 전해질 연료전지(PEMFC)뿐 아니라 직접 메탄올 연료전지(DMFC)를 구성하여 단위전지 초기 성능 평가와 안정성 평가 방법까지 소개하였다. 마지막 제4부에서는 고분자 전해질 연료전지는 아니지만 유사한 구조로 가지지만 에너

지 저장 장치로 각광을 받고 있는 일체형 재생 연료전지(URFC)와 레독스 흐름전지(RFB)에 대한 실험 방법을 소개하였다.

고분자 전해질 연료전지에 대한 이론 강의를 한번이라도 수강한 학생이라면 큰 무리 없이 실험을 따라 할 수 있도록 비교적 쉽게 자세히 소개하였으므로, 이공계 학과의 학부 실험 시간에 활용이 된다면 최근에 다양한 각광을 받고 있는 연료전지에 대한 이해에 큰 도움이 될 것이라 판단한다.

저자

CONTENTS

CONTENTS

PART 2 고분자 전해질 막의 제조 및 물성 평가

CONTENTS

CONTENTS

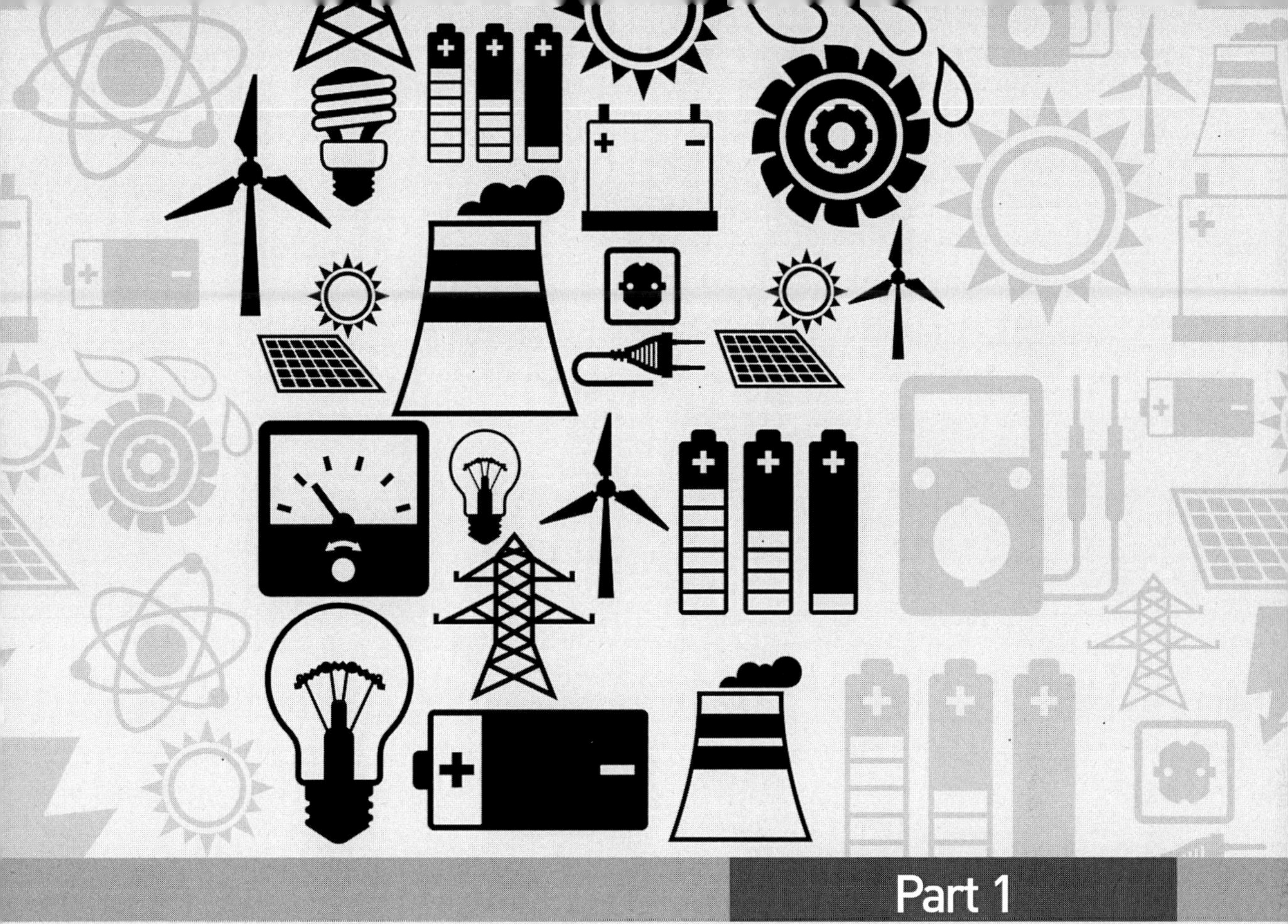

Part 1

촉매의 제조 및 성능 평가

실험 1 : 촉매의 제조

1 실험목적

연료전지용 촉매의 다양한 제조방법에 대해 알아 보고, 그 중 가장 간단한 침전법을 통해 백금 촉매를 제조해 본 후 그 촉매의 특성을 확인해 본다.

2 개요

연료전지는 연료인 수소와 산소가 가진 화학에너지를 전기화학반응에 의해 직접 전기로 바꾸는 에너지변환장치이다. 에너지저장장치인 배터리와 유사하게, 연료전지도 두 전극으로 구성되지만, 두 전극은 전해질로 분리되어 있으며, 전자가 이동할 수 있도록 외부회로를 통해 전기적으로 연결되어 있다.

연료전지의 발전 원리를 살펴보면, 애노드(anode)에서는 공급된 수소의 산화반응에 의해 전자와 수소이온이 생성하며, 생성된 수소이온은 전해질을 통해 직접 캐소드(cathode)로 넘어가고, 전자는 외부회로를 통해 캐소드로 이동한다. 캐소드에 공급된 산소는 애노드에서 전달된 수소이온과 전자와 함께 환원반응하며 물을 생성한다. 즉, 연료전지는 애노드에 공급되는 수소의 산화반응과 캐소드에 공급되는 산소의 환원반응에 의해 전자가 생성되고 이동함으로써 전기를 생산하게 되며, 이를 간단한 화학식으로 나타내면 다음과 같다.

- 애노드: $2H_2 \rightarrow 4H^+ + 4e^-$
- 캐소드: $O_2 + 4H^+ + 4e^- \rightarrow 2H_2O$
- 전 체: $2H_2 + O_2 \rightarrow 2H_2O$

연료전지는 사용하는 전해질에 따라 다양하게 분류될 수 있는데, 그 중 연료전지의 기본 원리를 가장 쉽게 설명할 수 있는 것이 고분자 전해질 연료전지(Polymer Electrolyte Membrane Fuel Cell, PEMFC)이다. 연료전지의 성능을 가늠하는 가장 중요한 척도 중 하나는 위에 표시한 수소의 산화반응과 산소의 환원반응이 얼마나 빨리 발생하느냐에 달려 있는데, 이를 위해 사용되는 것이 바로 촉매이다. PEMFC의 경우 비교적 낮은 온도(80 ℃ 이하)에서 작동되기 때문에 이러한 조건에서 연료의 산화와 환원반응을 가장 잘 일으키는 촉매는 백금(Platinum, Pt)으로 알려져 있다. 값비싼 귀금속인 백금을 PEMFC의 촉매로 사용하기 때문에 연료전지의 가격이 매우 비싸므로 최소한의 백금을 사용하여 최대한의 성능을 발휘하도록 하는 연구가 진행되어 왔다.

대표적인 연구 성과로는 촉매로 사용되는 백금의 사용량을 줄이기 위해, 백금을 단독으로 (Pt black) 사용하는 대신, 백금을 표면적이 넓고 반응성이 없으며 안정성이 확보된 카본(carbon)에 담지하여 촉매(Pt/C)를 제조하는 것이다. 수소의 산화반응과 산소의 환원반응과 같은 촉매 반응들은 표면에서만 반응이 일어나기 때문에 백금 입자 표면에 있는 원자들만 반응에 참여하고 입자 속에 묻혀 있는 백금 원자들은 반응에 참여할 수 없게 된다. 따라서, [그림 1-1]에 보인 것처럼, 반응에 참여하지 않는 백금의 양을 최소화 하기 위해 입자의 크기를 줄인 나노 크기의 작은 백금을 카본 담지체에 분산시켜 사용함으로써 촉매 사용량을 줄일 수 있게 된다.

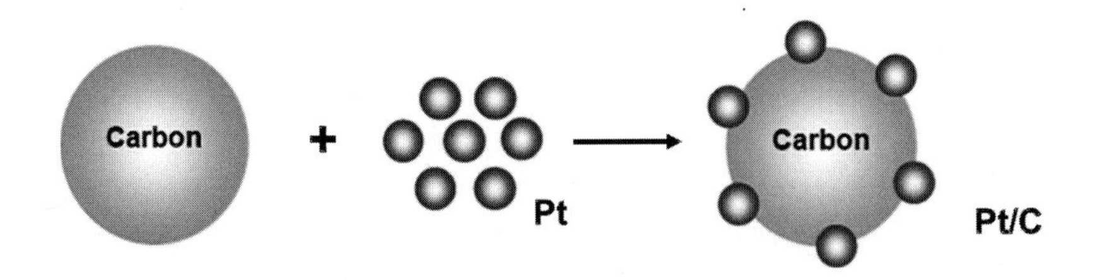

| 그림 1-1 | 카본에 담지된 백금 촉매 (Pt/C)

동일한 촉매(Pt/C)를 사용하더라도 촉매를 제조하는 방법에 따라 촉매의 성능도 크게 달라진다. 촉매를 제조하는 다양한 방법이 있지만 백금 촉매는 크게 침전법(impregnation method)과 콜로이드법(colloidal method)에 의해 제조될 수 있다.

우선 침전법에 대해 살펴보면, 백금이온을 포함하고 있는 백금 금속염(metal salt)을 증류수에 녹여 수용액을 만든 후, 환원제를 첨가하거나 환원 분위기에서 열처리를 하면 3-5 nm 크기의 백금 촉매를 손쉽게 제조할 수 있다.

$$H_2PtCl_6 + NaBH_4 + 3H_2O \rightarrow Pt + H_3BO_3 + 5HCl + NaCl + 2H_2$$

이에 반해 콜로이드법은 수용액 중에서 백금산화물을 형성한 후 수소 분위기 하에서 환원 열처리를 통해 백금 촉매를 제조하는 것이다. 이 반응의 경우 백금 산화물의 환원 조건이 까다롭기 때문에 수율이 낮다는 단점이 있다. 이를 보완하기 위해 수정된 콜로이드법을 살펴보면, 비수용액 상태에서 백금 이온들을 계면활성제가 주변을 감싸도록 한 상태에서 백금 이온의 환원반응을 유도한 후, 나중에 주변에 있는 계면활성제를 제거해 줌으로서 입자 크기가 작으며, 균일한 입자 크기를 갖는 촉매를 제조할 수 있다는 장점이 있다.

백금 촉매(Pt/C)의 성능을 좌우하는 또 다른 변수 중 하나는 백금과 카본의 비율이다. 전체 촉매(백금+카본) 무게에서 백금이 차지하는 비중이 클수록 백금 입자의 크기는 커지는 대신 촉매 표면적은 감소한다. 반면 백금의 비중이 작을수록 입자의 크기는 작아지고 촉매 표면적은 증가한다. 이러한 비율에 따라 촉매의 성능이 달라질 수 있으므로 필요에 따라 백금과 카본의 비율을 최적화할 필요가 있다. 통상적으로 Pt/C 촉매의 백금과 카본의 비율을 담지량(wt%)으로 표시하는데 담지량은 다음과 같이 계산할 수 있다.

$$\text{백금 담지량(wt\%)} = \frac{\text{백금의 질량}}{\text{백금의 질량} + \text{카본의 질량}} \times 100$$

따라서 본 실험에서는 가장 간단한 촉매 제조 방법인 침전법을 이용하여 카본에 담지된 촉매(Pt/C)를 제조하되, 백금의 담지량을 다르게 하여 실험해 봄으로서 백금 비율에 따른 촉매 특성 변화를 확인해 본다.

3 실험기구 및 시약

- 염화백금산($H_2PtCl_6 \cdot 6H_2O$)
- 환원제($NaBH_4$)
- 카본(Ketjen black 또는 Vulcan XC-72R)
- 1 L 비커
- 증류수
- 뷰흐너 깔때기 및 아스피레이터(aspirator)
- 건조 오븐
- 교반기
- 저울
- 20 mL 바이알

4 실험방법

(1) 백금, 카본 및 환원제 양 계산 (40 wt% Pt/C 0.3 g 제조 기준)

① 40 wt% Pt/C 0.3 g = 0.12 g 백금(Pt) + 0.18 g 카본(C)

② 백금 0.12 g을 제조하기 위해 필요한 염화백금산($H_2PtCl_6 \cdot 6H_2O$)의 양 계산

$$0.12\ \mathrm{g\ Pt} \times \frac{1\ mol\ Pt}{195.09\ \mathrm{g}\ Pt} = 6.15 \times 10^{-4}\ mol\ Pt$$

$$6.15 \times 10^{-4}\ mol\ Pt \times \frac{1\ mol\ H_2PtCl_6 \cdot 6H_2O}{1\ mol\ Pt} = 6.15 \times 10^{-4}\ mol\ H_2PtCl_6 \cdot 6H_2O$$

$$6.15 \times 10^{-4}\ mol\ H_2PtCl_6 \cdot 6H_2O \times \frac{499.8\ \mathrm{g}\ H_2PtCl_6 \cdot 6H_2O}{1\ mol\ H_2PtCl_6 \cdot 6H_2O}$$

$$= 0.307\ \mathrm{g}\ H_2PtCl_6 \cdot 6H_2O$$

③ 0.307 g의 염화백금산을 환원하는데 필요한 환원제 양 계산

$$6.15 \times 10^{-4}\ mol\ Pt \times \frac{1\ mol\ NaBH_4}{1\ mol\ Pt} \times \frac{37.83\ \mathrm{g}\ NaBH_4}{1\ mol\ NaBH_4} = 0.023\ \mathrm{g}\ NaBH_4$$

④ 2 mM 염화백금산 수용액 제조에 필요한 물의 양 계산

$$\frac{6.15\times10^{-4}\,mol\,Pt}{xL}=2\times10^{-3}M\ \rightarrow\ x=0.308L$$

(2) 40 wt% Pt/C 0.3 g 합성

① 1 L 비커에 증류수 200 mL 채운 후 0.18 g의 카본을 넣고 균일하게 분산이 되도록 잘 교반한다. 카본이 증류수에 분산이 잘 되지 않을 경우 필요에 따라 초음파분쇄기를 활용하여 카본이 증류수에 잘 분산되도록 한다. 균일한 분산을 위해 1시간 이상 교반을 실시한다.

② 카본의 균일한 분산이 확인되면 0.307 g의 염화백금산을 20 mL 바이알에 넣고 10 mL 증류수를 첨가하여 충분히 녹인 후 카본이 분산된 수용액에 혼합한다. 이 때 전체 수용액의 백금 농도가 2 mM 일 때 환원 조건이 최적화 되므로 증류수를 첨가하여 전체 수용액의 부피를 308 mL에 맞춘 후 균일한 혼합을 위해 1시간 이상 교반을 실시한다.

③ 염화백금산 수용액 환원을 위해 계산된 환원제 양 기준 200 % 과량의 환원제를 10 mL 증류수에 녹인 후 염화백금산 수용액에 넣어 준다. 이 때 반응에 의해 수소 기체가 발생하는 것을 확인한다.

| 그림 1-2 | 환원제 투입 후 반응이 진행 중인 수용액 사진

④ 환원제 첨가 후 반응의 종결 때까지 기다렸다 30분이 지나면 교반을 멈추고 촉매 입자의 침전을 기다린다.

| 그림 1-3 | 반응 및 교반 종료 후 침전 중이 촉매 입자 사진

⑤ 반응이 종결되면 용액 상부의 물을 피펫으로 제거한다. 이 때 피펫으로 촉매 입자의 손실이 나지 않도록 주의한다. 깨끗한 증류수를 추가하여 수용액을 교반해 줌으로서 반응하지 않고 남은 환원제 및 수용성 생성물이 증류수에 녹아 나올 수 있게 한다.

⑤ 증류수 세척 과정을 2-3 차례 반복한 후 뷰흐너 깔때기를 이용해 여과하여 촉매의 물기를 충분히 제거한다.

| 그림 1-4 | 용액에 포함된 수분 제거를 위한 여과 과정

⑦ 여과 후 촉매에 포함된 수분을 완전히 제거하기 위해 촉매를 진공 오븐에 넣고 80 ℃에서 10시간 이상 진공 건조한다.

⑧ 진공 건조 후 최종적으로 합성된 촉매의 무게를 측정한다.

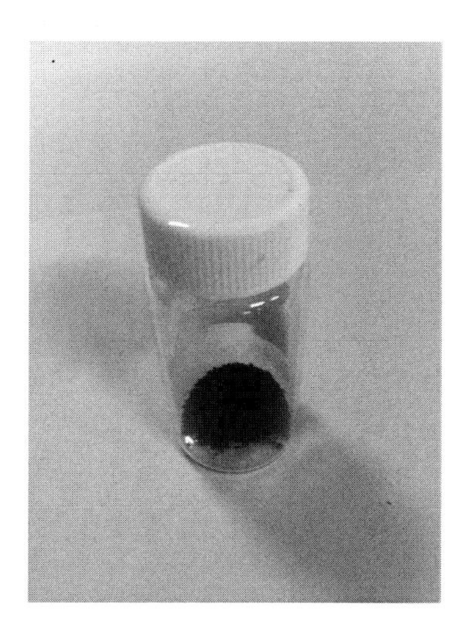

| 그림 1-5 | 진공 건조 후 최종적으로 얻는 40 wt% Pt/C 촉매

(3) 담지량이 다른 Pt/C 촉매의 제조

① 위에 제시된 방법대로 20 wt% Pt/C 및 60 wt% Pt/C 촉매를 각각 추가로 합성해 본다.

② 합성된 각 촉매의 최종 무게를 측정한 후 촉매 수득율을 각각 계산한다.

(4) 촉매의 물리적 특성 분석

① 세 종류의 촉매에 대해 BET를 측정하여 각 촉매의 표면적을 측정한다.

② 세 종류의 촉매에 대해 TEM을 측정하여 각 촉매의 평균 입자 크기를 측정한다.

5 실험결과 및 계산

(1) 촉매 수득율

	20 wt%	40 wt%	60 wt%
촉매 수득율[%]			

(2) 백금 담지량에 따른 촉매 표면적 측정 결과

	20 wt%	40 wt%	60 wt%
BET 표면적[m^2/g]			

(3) TEM에서 확인된 백금 담지량에 따른 촉매 평균 입자 크기 결과

	20 wt%	40 wt%	60 wt%
평균 크기 [nm]			

실험 보고서

실험 1. 촉매의 제조

담당교수		조번호	
담당조교		학번	
공동실험자		실험일자	
학과		제출일자	

1. 실험목적

2. 실험원리

3. 실험기구 및 시약

4. 실험방법

5. 결과 및 계산

6. 결과 분석 및 토의

7. 참고문헌

실험 2 : 촉매의 표면적 측정

1 실험목적

순환전압전류법 측정법을 익히고, 순환전압전류법으로 측정된 결과를 이용해 촉매의 표면적을 계산하는 방법을 배운다.

2 개요

전기화학은 물질의 변화와 전기 사이의 상호 작용으로 일어나는 현상을 다루는 학문으로, 다양한 전기화학적 측정법이 연구되고 개발되어 왔다. 그 중에서 전압전류법(voltammetry)는 일정한 전압 또는 전압의 변화에 따른 전류의 변화를 측정하는 것으로 [그림 2-1]과 같이 다양한 형태의 입력과 출력이 가능하다.

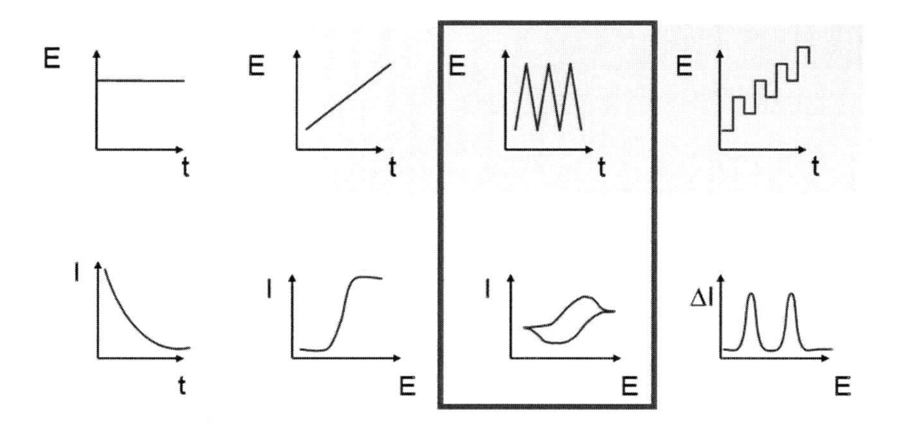

그림 2-1 전압전류법의 입력 전압과 출력 전류의 예

이 중에서 [그림 2-1]에 나타난 것처럼 입력 전압이 한 방향으로 일정한 속도가 증가하다가 설정된 한계에 도달하면 전압이 감소되고, 이러한 전압의 증가와 감소를 반복적으로 수행하면서 전류의 변화를 측정하는 것을 순환전압전류법(cyclic voltammetry)이라고 한다. 예를 들어 전압이 증가하면 산화전류가 나타나고, 방향을 바꾸어 전압이 감소하면 환원전류가 발생한다.

[그림 2-2]는 백금 전극을 질소 퍼징(purging)을 통해 산소가 제거된 묽은 황산 용액에 넣고 순환전압전류법을 측정한 결과이며, 각 영역에서 일어나는 반응을 함께 표현하였다.

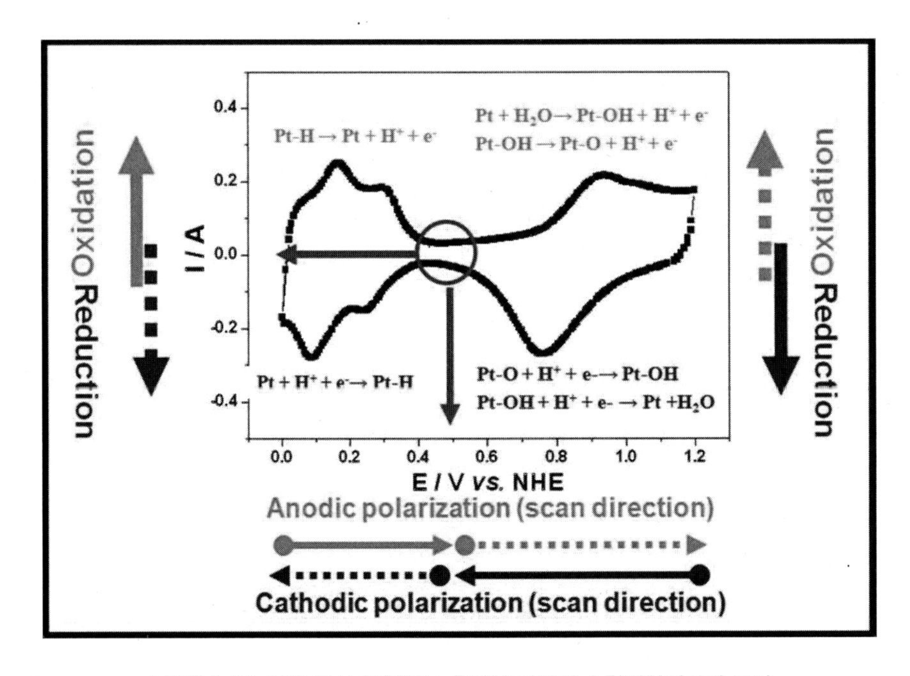

| 그림 2-2 | 묽은 황산 용액에서 측정된 백금의 순환전압전류법 곡선

우선, 음의 전압방향으로 전압을 감소시키면 황산 용액 내의 수소 이온(H^+)이 환원되며 백금 표면에 흡착된다. 더 낮은 전압으로 내려 가면 분자 상태의 수소(H_2) 기체가 발생하지만 그 전에 전압을 양의 방향으로 전환하게 되면 백금 표면에 붙어 있던 수소가 산화되며 없어진다. 이 때 다양한 형태의 산화 전류 피크들이 나타날 수 있으며, 이 피크들의 크기와 모양에 따라 백금 표면에 어떤 결정면들이 많이 노출되어 있는지 알 수 있다. 더 이상 산화되어 떨어질 수소가 없어지면 산화전류는 변화하지 않고 일정한 값을 유지하는데, 이 때의 전류는 전기이중층(double layer)을 충전하게 된다. 이 후 전압이 더 증

가하게 되면 갑자기 전류가 증가하기 시작하는데 이 때 백금 표면은 물 분자와 반응하여 산화하게 되어 백금 표면에 산화물을 형성한다. 계속 해서 전압을 1.5 V 이상 증가시키면 더 이상 산화물을 형성할 장소가 없기 때문에 산소 발생이 시작되고 이로 인해 전류가 급격히 증가한다. 하지만 반대 방향으로 전압을 감소시키면 산화된 백금 표면이 환원되면서 환원 전류를 발생한다. 큰 환원 피크가 발생한 후 전류가 일정해지는 것은 백금 표면이 깨끗이 환원되었음을 의미한다. 여기에서부터 전압이 더 작아지면 용액 중의 수소 이온이 다시 백금 표면에 흡착하는 반응이 반복된다.

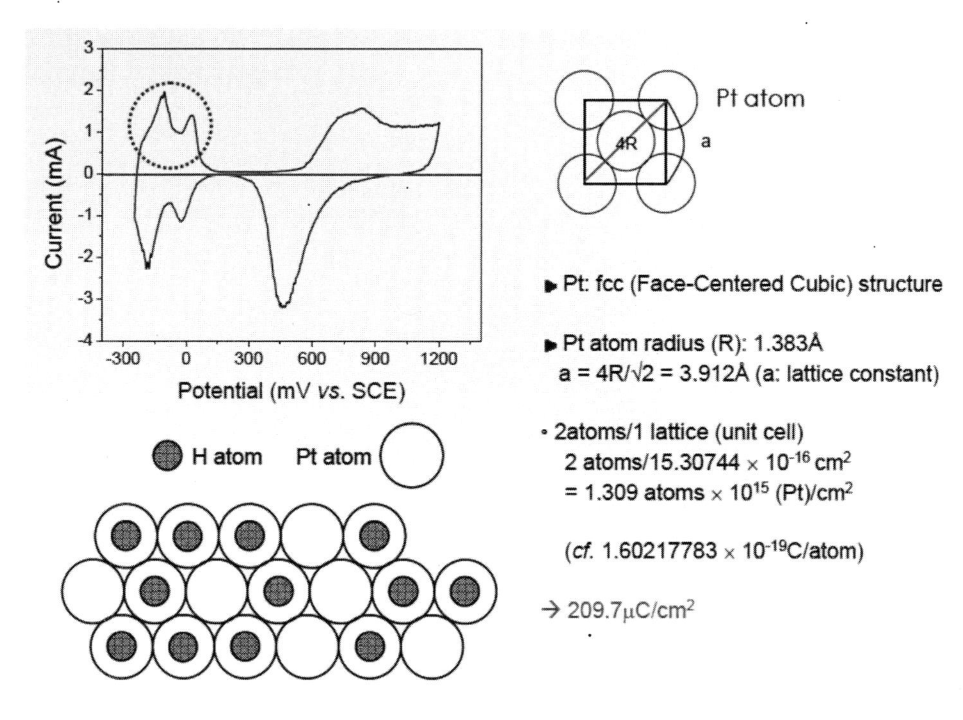

| 그림 2-3 | 백금에 흡착된 수소를 이용한 표면적과 전하량의 상관관계 계산 방법

문헌의 보고에 따르면 백금 원자 1개에 수소 원자 1개가 흡착되거나 탈착되고, 백금 원자가 1 cm^2가 노출되었을 때 수소 흡착이나 탈착을 통해 발생하는 전하량이 210 μC으로 알려져 있다. 따라서 순환전압전류법 측정을 통해 반응에 참여한 수소 탈착량(또는 흡착량)을 측정하면 반응에 참여한 백금의 원자 수를 계산할 수 있기 때문에 전기화학적으로 활성을 가지는 백금의 표면적(Electrochemical Active Surface area, EAS)을 계산할 수 있게 된다.

3 실험기구 및 시약

- 촉매 (40 wt% Pt/C)
- 전기화학셀
- 전기화학특성분석기(Potentiostat/Galvanostat, CHI700D)
- 작업전극(Working Electrode, WE): Glassy carbon electrode
- 상대전극(Counter Electrode, CE): Pt wire 또는 Pt mesh
- 기준전극(Reference Electrode, RE): Ag/AgCl 전극
- 0.1 M $HClO_4$ 용액
- 초음파 분쇄기
- 마이크로 피펫
- 건조 오븐

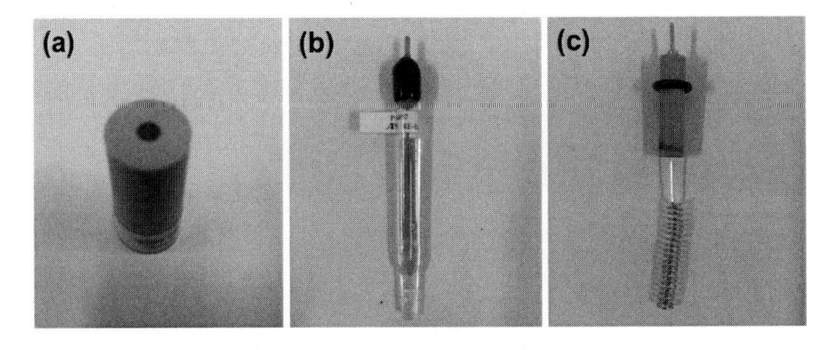

| 그림 2-4 | 전기화학 셀을 구성하는 세 전극

(a) 작업전극: glassy carbon electrode, (b) 기준전극: Ag/AgCl 전극, (c) 상대전극: Pt wire

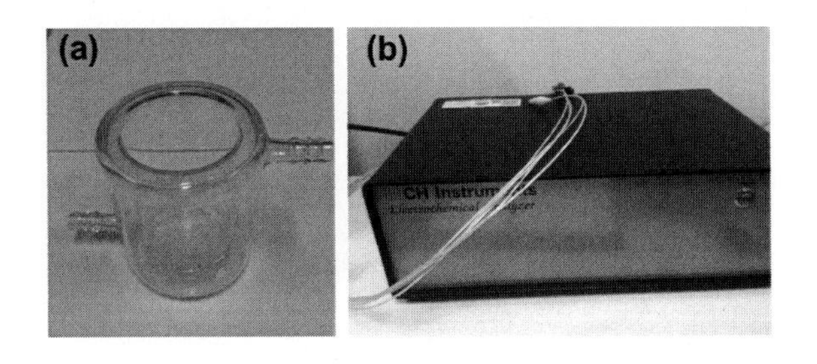

| 그림 2-5 |

(a) 전기화학 셀과 (b) 전기화학특성분석기(Potentiostat/Galvanostat)

4 실험방법

(1) 전극 제조

① 촉매 1 mg 당 증류수 1 ml의 비율로 촉매와 증류수를 혼합하여 촉매 잉크 용액을 제조한다. 촉매를 1 mg만 사용해도 해도 실험에는 충분하지만, 무게 측정이 어려우므로 촉매를 5 mg 이상 사용하여 잉크 용액을 제조한다.

② 제조된 촉매 잉크 용액을 초음파분쇄기를 사용하여 균일하게 분산시킨다.

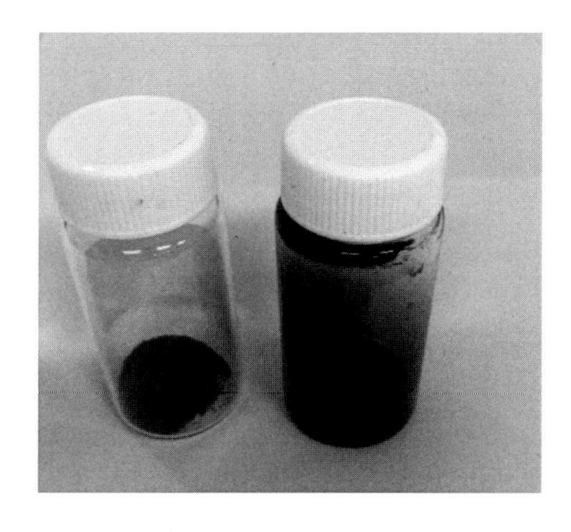

| 그림 2-5 | 제조된 촉매 입자(좌)와 촉매 잉크 용액(우) 비교

③ 촉매 잉크 10 μL를 탄소전극(WE) 위에 피펫으로 떨어뜨린다. 이 때 촉매 잉크가 탄소전극이 노출된 부분에만 코팅될 수 있도록 주의한다.

④ 80 ℃로 설정된 건조 오븐에 탄소전극을 넣고 20분 이상 건조한다.

⑤ 5 wt% Nafion 용액과 물을 1:20의 비율로 희석한 Nafion 용액 10 μL를 건조된 탄소전극 위에 떨어뜨린 후 80 ℃로 설정된 건조 오븐에서 20분 이상 건조시킨다.

(2) 순환전압전류법 측정

① 전기화학셀에 0.1 M $HClO_4$ 용액을 일정량 채운다.

② 탄소전극(WE)과 Pt wire(CE), Ag/AgCl 전극(RE)을 전기화학셀에 넣고 Potentiostat/galvanostat의 WE, CE, RE 단자에 각각 연결한다. 이 때 용액에 담긴 각각의 전극들이 서로 접촉하지 않게 주의한다.

| 그림 2-7 | 전기화학셀에 설치된 세 전극

③ 전압범위, 주사속도, 반복 회수 등을 설정한 후 순환전압전류법을 측정한다. (예, -0.2 V ~ 1.0 V (Ag/AgCl 전극 기준), 50 mV/s, 5회 반복)

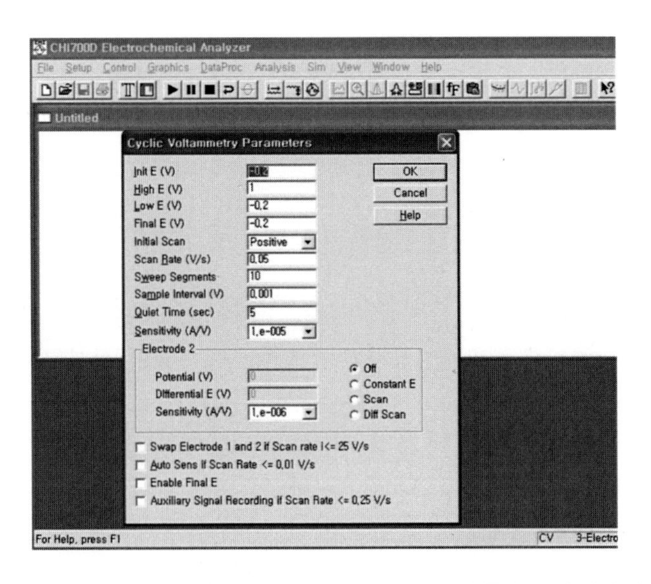

| 그림 2-8 | 촉매 표면적 측정을 위한 순환전압전류법 측정 조건 입력 예시

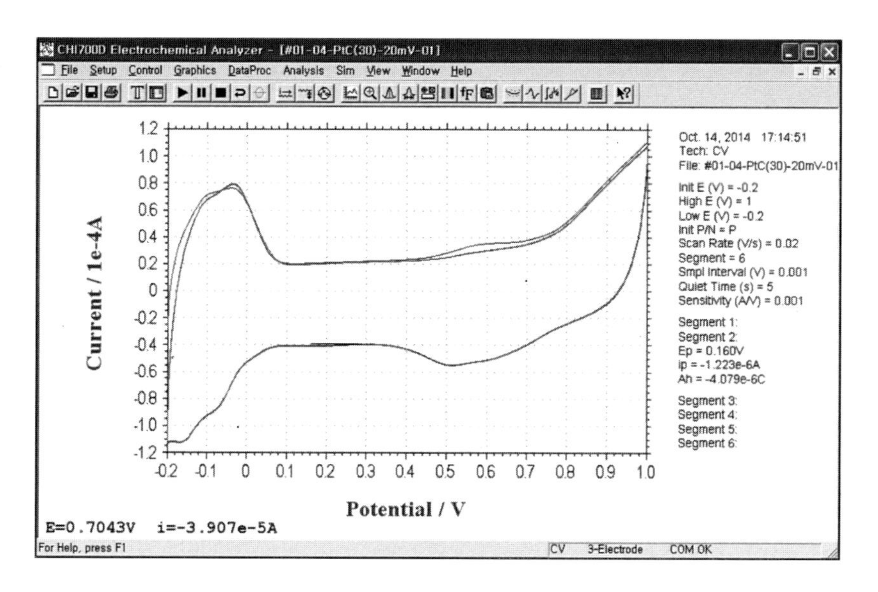

| 그림 2-9 | 촉매 표면적 측정을 위한 순환전압전류법 측정 결과 예시

④ 두 번 더 반복하여 순환전압전류법을 측정하고, 실험으로부터 얻어진 그래프가 반복 회수에 따라 더 이상 변화하지 않을 경우 마지막 결과를 저장하여 촉매 표면적 계산에 사용한다.

5 실험결과 및 계산

(1) 순환전압전류법 측정 결과

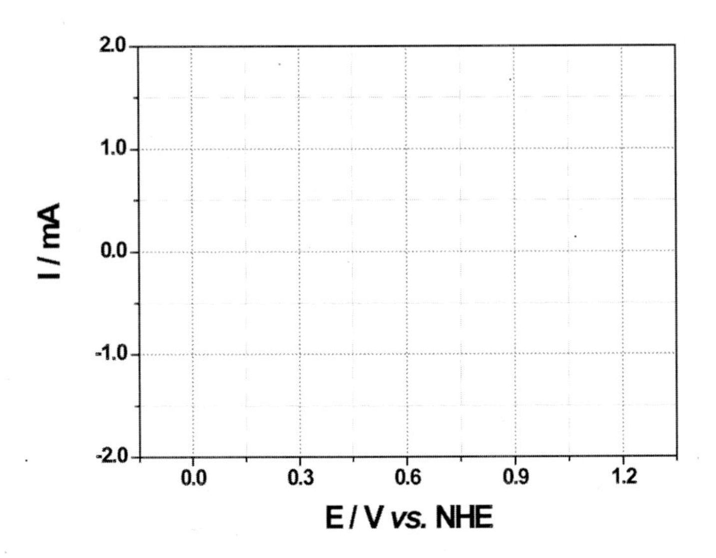

(2) 수소 탈착량(Q_H) 계산

$$Q_H[mC] = \frac{\text{수소 탈착 면적 (mA·V)}}{\text{주사 속도 (mV/s)}} =$$

(3) 백금 사용량 계산

$$\text{백금 사용량[mg]} = \frac{\text{1 mg 촉매}}{\text{1 mL 증류수}} \times \text{10 μL 용액} =$$

(4) 전기화학적 활성 표면적 (EAS) 계산

$$EAS[m^2/g] = \frac{Q_H\ (\text{mC})}{210\ \mu C/cm^2} \times \frac{1}{\text{백금 사용량(mg)}} =$$

(5) 백금 이용률 계산

$$\text{이용률[\%]} = \frac{\text{전기화학적 활성 표면적}(EAS)\ [m^2/g]}{\text{BET 표면적}(EAS)\ [m^2/g]}\ 100 =$$

실험 보고서

실험 2. 촉매의 표면적 측정

담당교수		조번호	
담당조교		학번	
공동실험자		실험일자	
학과		제출일자	

1. 실험목적

2. 실험원리

3. 실험기구 및 시약

4. 실험방법

5. 결과 및 계산

6. 결과 분석 및 토의

7. 참고문헌

실험 3 : 촉매의 산소 환원반응 활성 평가

1 실험목적

산소 환원반응에 대한 촉매의 활성 평가 방법에 대해 습득하고, 백금 촉매의 산소 환원 반응에 대한 활성을 직접 평가해 본다.

2 개요

고분자 전해질 연료전지(Polymer Electrolyte Membrane Fuel Cell, PEMFC)의 발전 원리는 수소의 산화반응(hydrogen oxidation reaction, HOR)과 산소의 환원반응(oxygen reduction reaction, ORR)에 의해 발생한 전자의 흐름을 통해 이루어진다. 연료전지를 구성하는 두 전극인 애노드와 캐소드에서 일어나는 두 반응의 속도에 의해 PEMFC의 성능이 결정되는데, 애노드 촉매로 백금을 사용할 경우 수소의 산화반응은 매우 빠르게 진행되기 때문에 연료전지 성능 저하에 미치는 영향이 매우 미비하다. 이에 반해 캐소드에서 발생하는 산소 환원반응의 경우는 백금 촉매를 사용할지라도 수소의 산화반응에 비해 현저히 느리기 때문에 이 단계가 전체 PEMFC의 반응 속도를 결정하는 요인이 된다. 따라서 PEMFC의 성능을 향상시키기 위해서는 산소 환원반응 속도를 높이기 위한 연구를 진행해야 한다. 이를 위해서는 산소 환원반응의 활성을 평가하는 방법에 대해 알아야 한다.

촉매의 산소 환원반응의 활성을 평가하기 위해서는 앞 장에서 촉매의 전기화학적 표면적을 측정하기 위해 사용했던 순환전압전류법과 유사한 실험을 해야 한다. 질소로 포화된 과염소산($HClO_4$) 용액에서 백금 촉매에 대해 순환전압전류법을 측정한 결과를 아래 [그림 3-1]에 검은색 얇은 선으로 다시 나타내었다. 이 상태에서 산소 환원반응을 측정하기 위해서는 동일한 실험 조건에서 과염소산 용액에 산소(또는 공기) 가스를 30분 이상 불어 넣어줌으로써 산소로 포화된 과염소산 용액을 준비해야 한다. 그 후, 산소 환원반응이 일어나도록 하기 위해, 외부 전압을 높은 전압에서 낮은 전압으로 감소되는 방향으로 전압을 변화시키며 발생하는 전류의 변화를 측정하면 아래 그림의 굵은 선으로 표시된 결과를 얻을 수 있다.

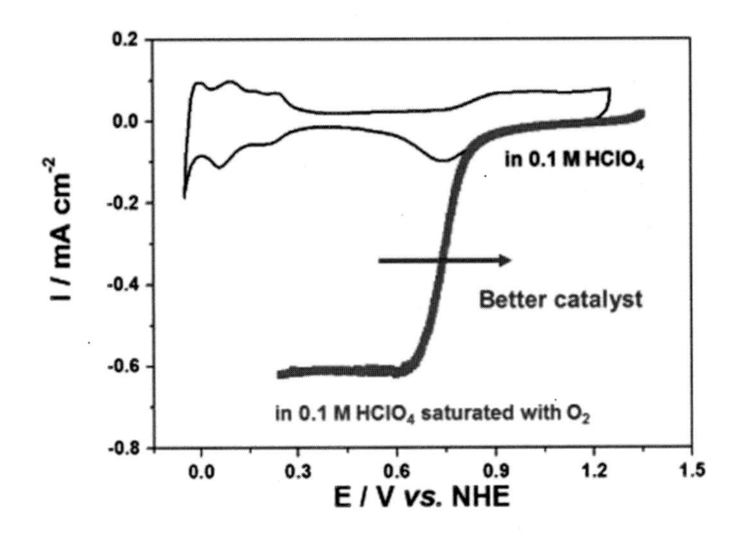

| 그림 3-1 | 산소 환원반응의 활성을 측정하는 방법

[산소 환원 반응식] $O_2 + 4H^+ + 4e^- \rightarrow 2H_2O$

산소 환원반응의 경우 반응이 진행됨에 따라 전자가 소모되기 때문에 측정되는 전류는 마이너스(-)의 값을 보이게 된다. 이러한 마이너스(-) 전류를 환원 전류라고 한다. [그림 3-1]에 나타낸 것처럼 1 V 이상의 전압에서는 산소의 환원반응이 전혀 일어나지 않기 때문에 전류의 변화가 없으나, 전압이 1 V를 지나 0.9 V 이하로 낮아지게 되면 환원 전류가 급격히 증가하게 되는데, 이는 산소의 환원반응이 아주 빠르게 발생하고 있다는 것을 의미한다. 전압이 0.6 V 근처에 도달하게 되면 환원 전류가 더 이상 증가하지 않는 것을 관찰할 수 있는데, 이것은 촉매가 환원 시킬 수 있는 산소가 더 이상 촉매 표면으로 공급되지 않고 있다는 것을 의미한다. 서로 다른 촉매를 사용하여 위의 결과를 얻었을 경우, 성능이 우수한 촉매라면 동일한 전압에서 더 많은 환원 전류를 발생해야 하므로, 산소 환원반응의 측정 결과는 그림의 화살표가 가리키는 방향으로 이동해야 한다.

산성 수용액 하에서 일어나는 산소의 환원반응을 좀 더 자세히 살펴 보면 다음과 같이 2 종류로 구분될 수 있다.

$$O_2 + 4H^+ + 4e^- \rightarrow 2H_2O \quad \text{(4-전자 반응)}$$
$$O_2 + 2H^+ + 2e^- \rightarrow H_2O_2 \quad \text{(2-전자 반응)}$$

일반적으로 산소 환원반응은 산소가 4개의 수소 이온과 전자와 결합하여 물을 생성하는 4-전자 반응을 통해 진행된다. 하지만 일부의 경우 산소가 2개의 수소 이온과 전자와 결합하여 과산화수소를 생성하는 2-전자 반응을 통해 진행되기도 한다. 극히 일부이기는 하지만 산소 환원반응을 통해 과산화수소가 발생할 경우 실제 연료전지 운전 중에 촉매나 고분자 전해질을 공격하여 촉매나 고분자 전해질을 손상시키는 주된 요인이 되므로 2-전자 반응은 피해야 하는 반응이다. 따라서 산소 환원반응 촉매의 활성 평가 시 2-전자 반응의 생성 유무를 판단하는 것도 아무 중요한 변수가 된다.

일반적으로 촉매의 산소 환원반응에 대한 활성만을 평가할 경우에는 회전원판전극(Rotating Disk Electrode, RDE)을 사용한다. 전극 표면에 형성된 촉매 표면에 수용액에 녹아 있는 산소를 원활하게 공급하기 위해서는 전극을 회전하게 되면 용액의 흐름이 전극 표면을 향하게 되므로 산소 환원반응 활성 평가에 유용하다. 물론 회전원판전극의 회전 수에 따라 용액의 흐름 속도가 빨라지게 되며 촉매 활성에도 영향을 미치게 된다.

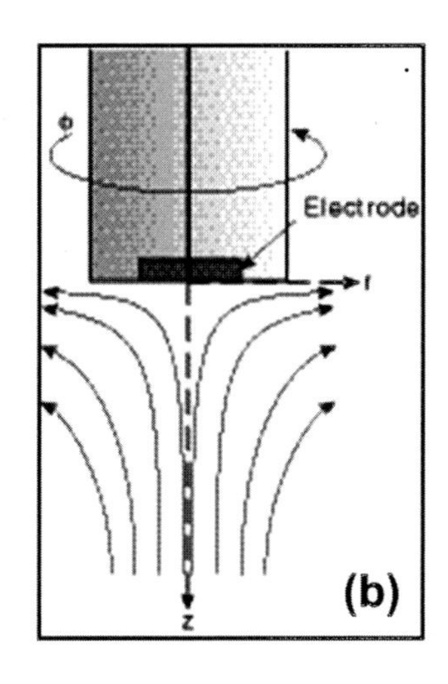

| 그림 3-2 | (a) RDE 전극과 (b) RDE 전극회전으로 인한 유체의 흐름

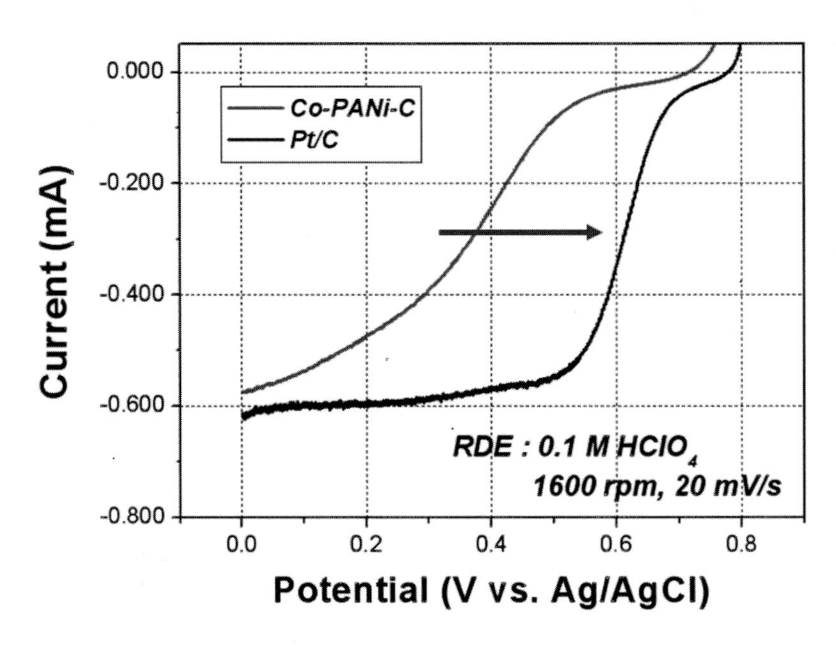

| 그림 3-3 | RDE 전극을 이용한 촉매의 산소 환원반응 활성 평가 결과 예

[그림 3-3]은 RDE 전극을 이용해 서로 다른 촉매에 대한 산소 환원반응의 활성을 평가한 결과를 보여 주는 예이다. 굵은 선으로 표현된 결과는 백금 촉매(Pt/C)의 산소 환원반응에 대한 활성을 나타내며, 얇은 선으로 나타낸 결과는 백금이 전혀 포함되어 있지 않은 비백금복합촉매(Co-PANi-C)의 활성을 나타낸다. 백금 촉매에 의한 환원 전류의 발생이 비백금복합촉매보다 더 높은 전압에서 시작되며 동일한 전압에서 발생한 환원 전류를 비교해 보더라도 백금 촉매에 의한 것이 비백금복합촉매에 의한 것보다 훨씬 크기 때문에 백금 촉매의 활성이 더 크다고 판단할 수 있다. 즉, RDE 전극을 이용해 산소 환원반응에 대한 촉매의 활성을 평가했을 경우, 그 결과가 [그림 3-3]의 화살표가 표시된 방향인 오른쪽으로 치우쳐 있을수록 더 좋은 활성을 보인다고 말할 수 있다.

이에 반해 산소 환원반응에 대한 촉매의 활성뿐만 아니라 2-전자 반응의 생성 유무를 동시에 측정할 수 있도록 고안된 전극이 [그림 3-4]에 표시된 회전고리 · 회전원판전극(Rotation Ring Disk Electrode, RRDE)이다.

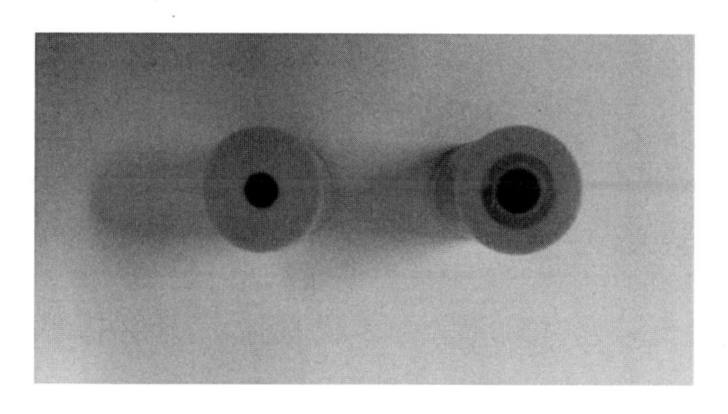

| 그림 3-4 | 회전원판전극(RDE, 좌)과 회전원판 · 회전고리전극(RRDE, 우)의 비교

RRDE 전극은 분리된 고리전극(ring electrode)과 원판전극(disk)으로 구성되며, 각 전극에 가해지는 전압을 따로 조절할 수 있기 때문에 아주 유용하게 사용된다. 예를 들어 원판전극에 백금 촉매를 코팅한 후 산소로 포화된 과염소산 용액에 담궈 실험을 진행한다고 가정한다. 원판전극에서 산소 환원반응의 활성을 측정하는 것과 동일하게 1 V에서 0 V까지 전압을 감소시키며 가한다. 이 때 사용된 전기화학적 기술은 동일한 전압 구간을 일정한 속도로 반복해서 측정하는 순환전압전류법(Cyclic Voltammetry, CV)이 아니라, 일정한 전압 구간을 일정한 속도로 한번만 측정하는 일정속도 전위훑음법(Linear Sweep Voltammetry, LSV)이라고 한다. 이 경우 수용액 중의 산소는 백금 촉매에 의해 4-전자 반응이나 2-전자 반응을 통해 물이나 과산화수소를 생성한다. 이와는 별개로 백금으로 이루어진 고리전극에 1.2 V의 전압을 일정하게 가해 주고 있다면, 원판전극에 의한 산소 환원반응의 생성물인 물과 과산화수소가 RRDE의 회전으로 인해 고리전극 쪽으로 밀려 나오게 되는데 이 때 발생한 과산화수소는 고리전극에 가해진 1.2 V로 인해 아래의 반응에 따라 산소로 다시 산화되는 반응이 발생한다. 이 때 발생하는 전류는 과산화수소의 산화반응으로 발생하는 전자를 측정하는 것이므로 플러스(+) 전류인 산화 전류가 측정되게 된다.

[과산화수소의 산화반응식] $H_2O_2 \rightarrow O_2 + 2H^+ + 2e^-$

즉, RRDE 전극을 이용해 산소 환원반응을 측정하면 원판전극을 통해서는 산소 환원반응에 의한 환원 전류를 측정할 수 있으며, 이와 동시에 고리전극을 통해서는 산소 환원반응의 부반응으로 생성된 과산화수소의 추가적인 산화반응에 발생한 산화 전류를 측정할 수 있다.

이러한 측정의 대표적인 예를 [그림 3-5]에 나타내었다. 다만 이런 측정을 위해서는 2개의 전압의 조절과 2개의 전류의 측정이 독립적으로 수행될 수 있는 2채널 전기화학특성 분석기(bi-potentiostat/galvanostat)를 사용해야만 한다. [그림 3-5]는 크게 두 부분으로 나뉠 수 있는데, 우선 원판전류(disk current)라고 표기된 부분은 산소 환원반응으로 발생하는 환원전류를 원판전극에 의해 측정된 값이고, 고리전류(ring current) 는 산소 환원반응 도중 발생한 과산화수소를 고리전극에 가해진 전압을 이용해 산화시킬 때 발생하는 산화 전류를 고리전극에 의해 측정된 값을 나타낸 그림이다. 각각의 원판전류와 고리전류가 5개씩 보여진 것은 RRDE 전극의 회전 수를 400 rpm에서 3,600 rpm까지 증가시키며 측정된 값인데, 전극의 회전 수가 증가될수록 용액의 흐름이 빨라져 전극 표면으로 공급되는 산소의 양이 늘어나기 때문에 원판전류와 고리전류가 모두 증가하게 된다.

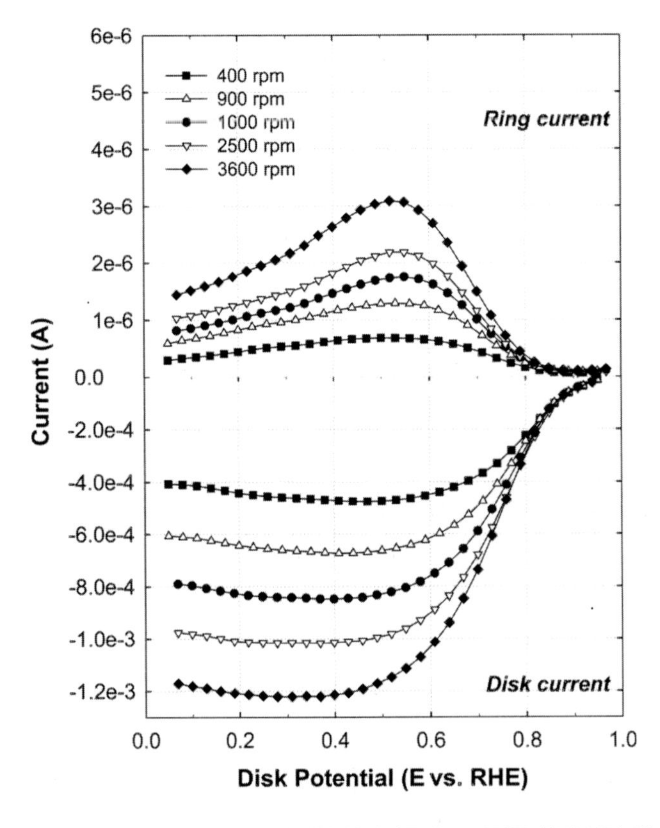

| 그림 3-5 | 산소 환원반응에 대한 원판전류와 고리전류 측정 결과 예

더 나아가 RRDE 전극의 고리전극에 의해 측정된 고리전류(I_{ring})와 원판전극에 의해 측정된 원판전류(I_{disk})를 이용하면 다음과 같은 관계식을 통해 산소 환원반응에 참여한 평균 전자 수(n)와 과산화수소 생성 비율까지 계산할 수 있으며, 그에 대한 결과를 나타내면 [그림 3-6]과 같다.

$$\text{평균 전자 수 } (n) = \frac{4\,I_{disk}}{I_{disk}+I_{ring}/\varepsilon} \quad (\varepsilon: collection\ efficiency)$$

$$H_2O_2 \text{ 생성 비율[\%]} = \frac{4-n}{2} \times 100$$

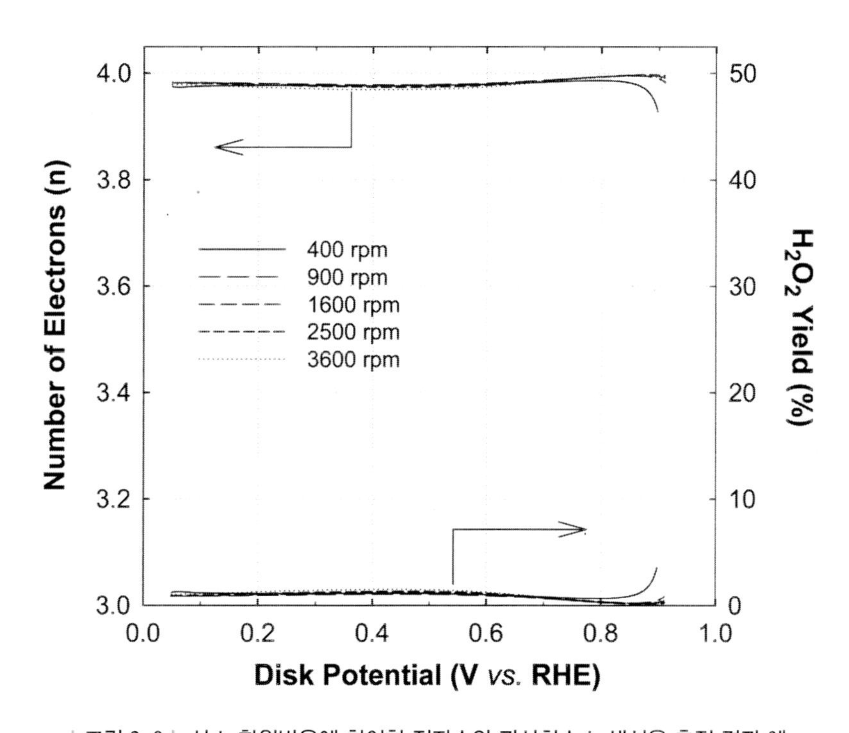

| 그림 3-6 | 산소 환원반응에 참여한 전자수와 과산화수소 생성율 측정 결과 예

본 실험에서는 백금(Pt/C) 촉매를 이용하여 산소 환원반응의 활성을 측정해 보고, 전극 회전 수에 따른 산소 환원반응 활성 변화를 비교해 본다. 뿐만 아니라 RRDE를 활용하여 원판전류와 고리전류를 동시에 측정함으로써 산소 환원반응에 참여한 전자와 과산화수소 생성 비율을 구하는 방법도 알아 본다.

3 실험기구 및 시약

- 촉매 (40 wt% Pt/C)
- 전기화학셀
- 2채널 전기화학특성분석기(Bi-potentiostat/galvanostat, CHI 700D)
- 작업전극(Working Electrode, WE): 회전원판 · 회전고리전극(RRDE)
- 상대전극(Counter Electrode, CE): Pt wire 또는 Pt mesh
- 기준전극(Reference Electrode): Ag/AgCl 전극
- 회전원판 · 회전고리전극(RRDE) 제어 장치
- 0.1 M $HClO_4$ 용액
- 초음파 분쇄기
- 마이크로 피펫
- 건조 오븐

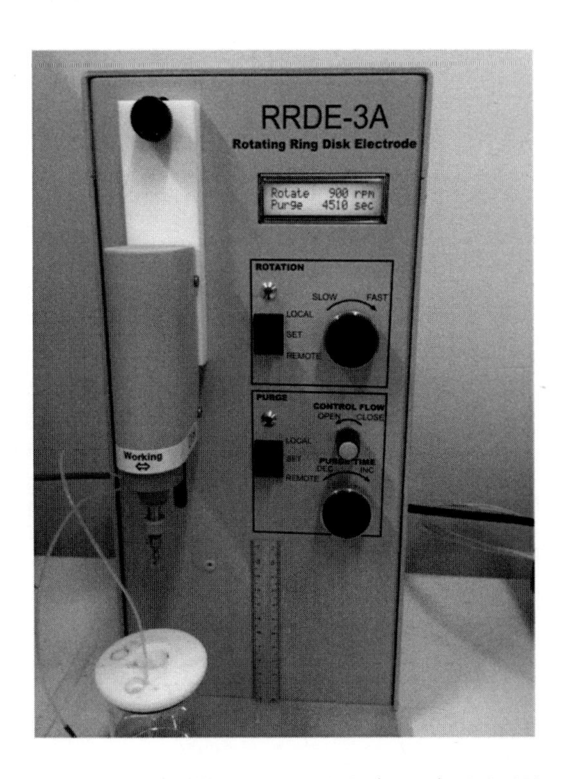

| 그림 3-7 | 회전원판 · 회전고리전극(RRDE) 제어 장치

4 실험방법

(1) 전극 제조

① 촉매 1 mg 당 증류수 1 ml의 비율로 촉매와 증류수를 혼합하여 촉매 잉크 용액을 제조한다. 촉매를 1 mg만 사용해도 해도 실험에는 충분하지만, 무게측정이 어려우므로 촉매를 5 mg 이상 사용하여 잉크 용액을 제조한다.

② 제조된 촉매 잉크 용액을 초음파분쇄기 사용하여 균일하게 분산시킨다.

③ 촉매 잉크 10 μL를 RRDE 전극위에 피펫으로 떨어뜨린다. 이 때 촉매 잉크가 RRDE 전극의 노출된 부분에만 코팅될 수 있도록 주의한다.

④ 80 ℃로 설정된 건조 오븐에 RRDE전극을 넣고 20분 이상 건조한다.

⑤ 5 wt% Nafion 용액과 물을 1:20의 비율로 희석한 Nafion 용액 10 μL를 건조된 RRDE 전극 위에 떨어뜨린 후 80 ℃로 설정된 건조 오븐에서 20분 이상 건조시킨다.

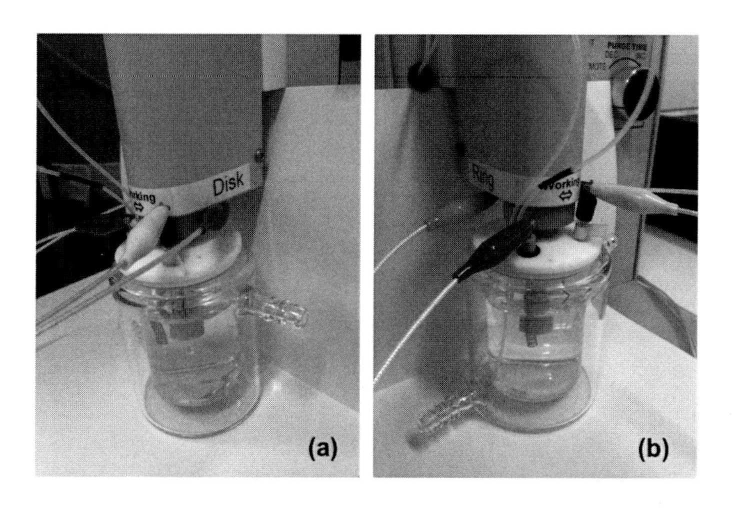

| 그림 3-8 | 회전원판 · 회전고리전극(RRDE) 연결 예

(a) 원판전극 (b) 고리전극

(2) 질소로 포화된 산성 용액 상태에서 촉매의 순환전압전류법 측정

① 전기화학셀에 0.1 M $HClO_4$ 용액을 일정량 채운 후 용액 속에 존재하는 산소를 제거하기 위해 질소를 30분 이상 불어넣어 준다.

② RRDE 전극(WE)과 Pt wire(CE) 및 Ag/AgCl 전극(RE)을 전기화학셀에 넣고 2채널 전기화학특성분석기(bi-potentiostat/galvanostat)의 WE1(원판전극, disk), WE2(고리전극, ring), CE, RE 단자에 각각 연결한다([그림 3-8] 참고). 이 때 용액에 담긴 각각의 전극들이 서로 접촉하지 않게 주의한다.

③ 전압범위, 주사속도, 반복 회수 등을 설정한 후 순환전압전류법을 측정한다.
(예, -0.2 V ~ 1.0 V (Ag/AgCl 전극 기준), 50 mV/s, 5회 반복, 1,600 rpm)

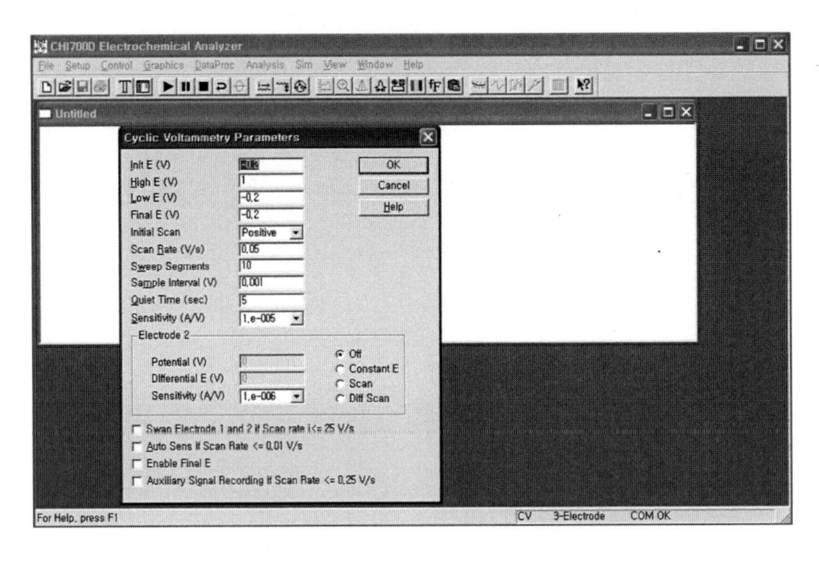

| 그림 3-9 | RRDE를 이용한 순환전압전류법 측정 조건 작성 예 (CHI 700D 기준)

④ 두 번 더 반복하여 순환전압전류법을 측정하고, 실험으로부터 얻어진 그래프가 반복 회수에 따라 더 이상 변화하지 않을 경우 마지막 결과를 저장하여 산소 환원반응 활성 평가의 기준 데이터로 사용한다.

(3) 산소로 포화된 산성 용액 상태에서 촉매의 일정속도 전위훑음법 측정

① 산소 환원반응에 대한 활성을 평가하기 위해 전기화학셀에 채워진 0.1 M $HClO_4$ 용액에 산소를 30분 이상 불어넣어 준다.

② 전압범위, 주사속도, 반복 회수 등을 설정한 후 일정속도 전위훑음법(LSV)을 측정한다. 운전 조건의 예를 들면, WE1 전극은 0.8 V ~ 0 V 범위를 20 mV/s로 1회 측정하며, WE2 전극은 측정 내내 1.0 V를 유지한다. 이 때 전극의 회전 수는 1,600 rpm으로 고정한다.

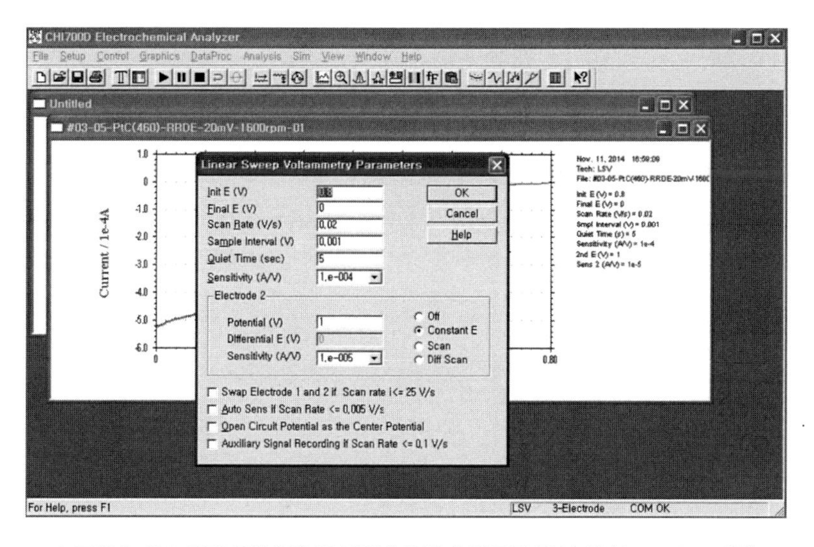

| 그림 3-10 | RRDE를 이용한 전위훑음법 측정조건 작성 예 (CHI 700D 기준)

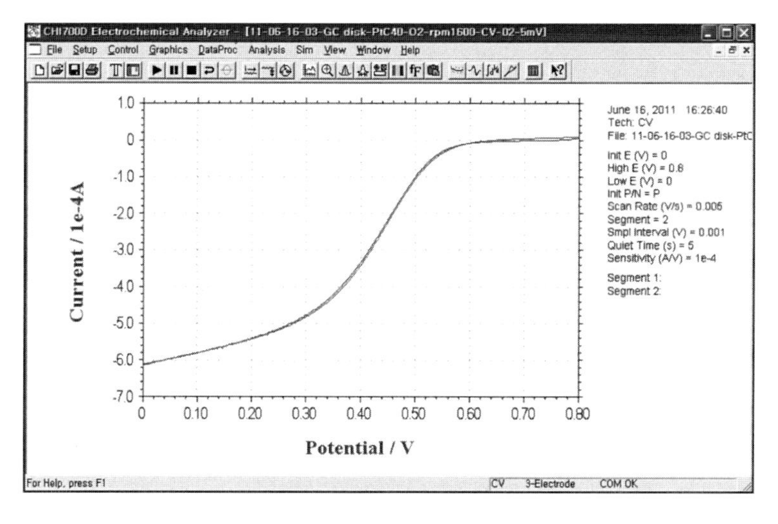

| 그림 3-11 | RRDE를 이용한 전위훑음법 측정 결과 예 (CHI 700D 기준)

③ 전극 회전수 1,600 rpm에 대한 실험이 완료되면, 전극 회전수를 400, 900, 2,500, 3,600 rpm으로 변화시키며 (3)번 실험을 반복한다. 다만, 실험을 좀 더 정확하게 하기 위해 각 실험 전에 산소를 30분 이상 용액에 불어넣어 준 후 다음 실험을 실시한다.

5 실험결과 및 계산

(1) 질소로 포화된 0.1 M $HClO_4$ 용액에서 측정한 Pt/C의 순환전압전류법 결과

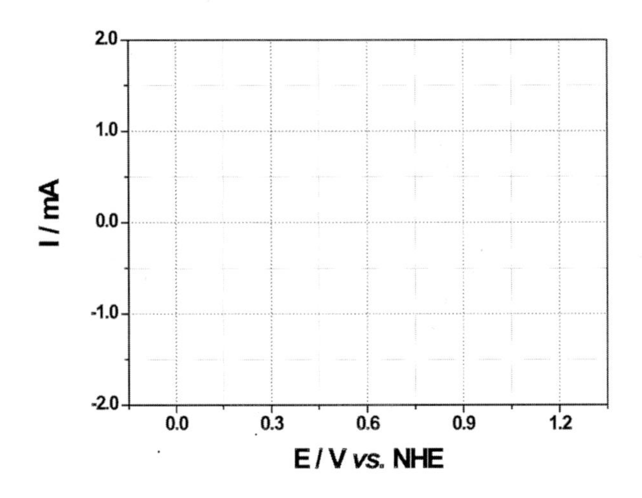

(2) 산소로 포화된 0.1 M $HClO_4$ 용액에서 얻은 산소 환원반응 측정 결과

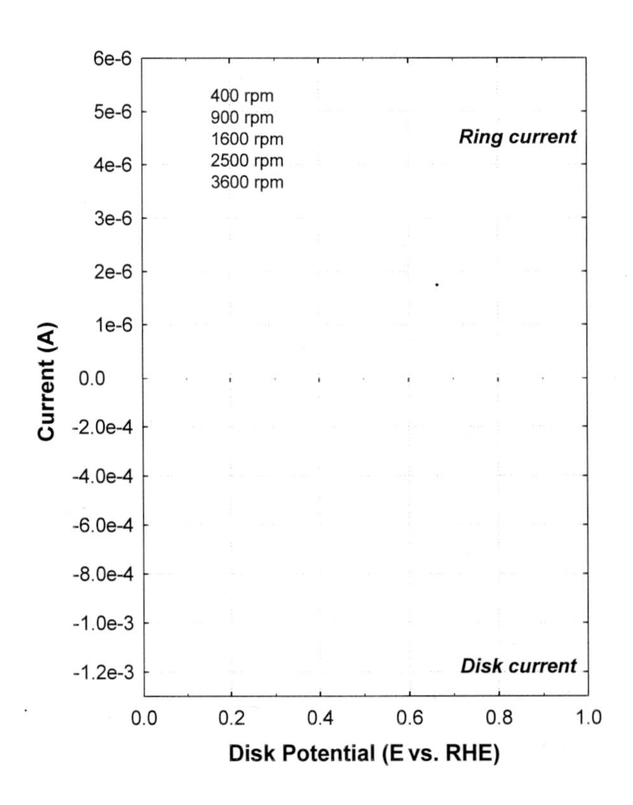

(3) (2)번 결과로부터 계산된 반응에 참여한 전자 수 및 과산화수소 생성 비율 결과

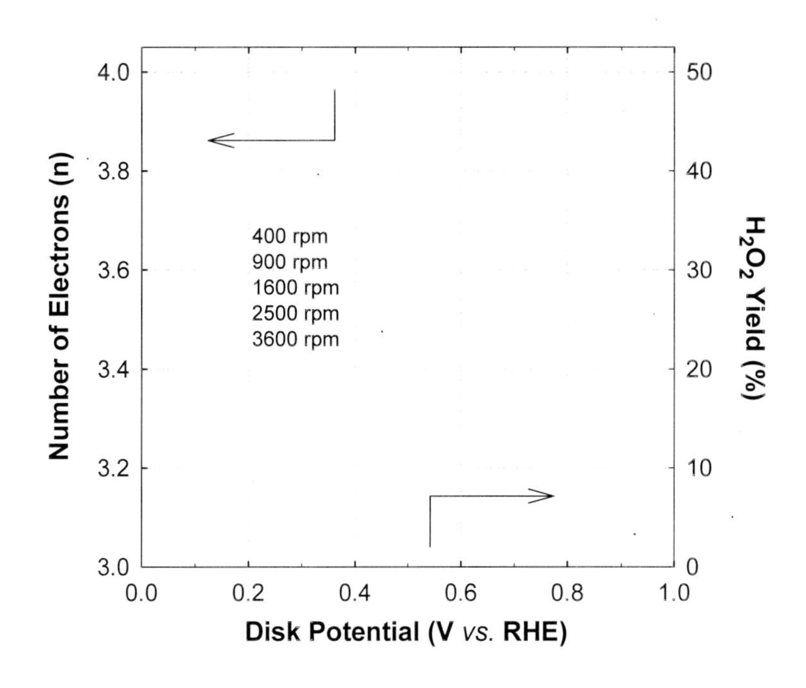

(4) 촉매에 따른 산소 환원반응 측정 결과 비교

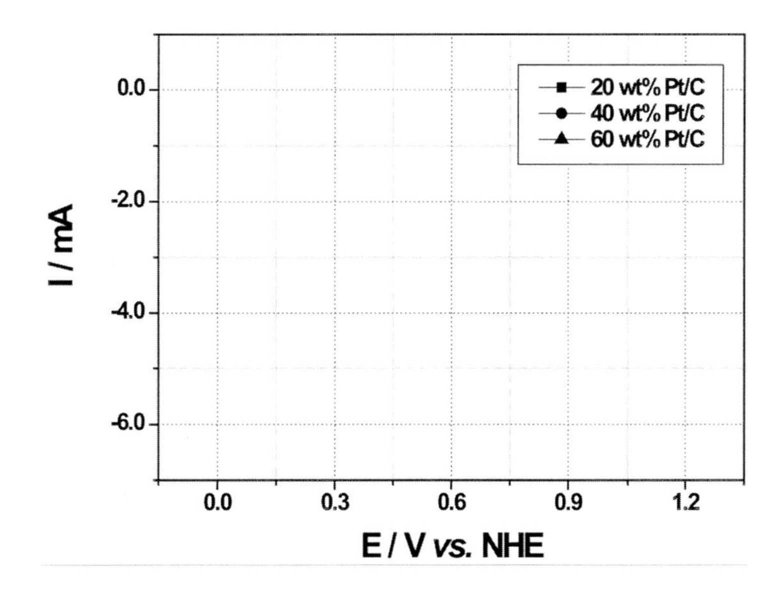

실험 보고서

실험 3. 촉매의 산소 환원반응 활성 평가

담당교수		조번호	
담당조교		학번	
공동실험자		실험일자	
학과		제출일자	

1. 실험목적

2. 실험원리

3. 실험기구 및 시약

4. 실험방법

5. 결과 및 계산

6. 결과 분석 및 토의

7. 참고문헌

실험 4 : 촉매의 메탄올 산화반응 활성 평가

1 실험목적

메탄올 산화반응에 대한 촉매 활성 평가 방법에 대해 습득하고, 백금과 백금/루테늄 촉매의 활성을 평가해 보고, 두 촉매의 활성 차이를 확인해 본다.

2 개요

직접 메탄올 연료전지 (Direct Methanol Fuel Cell, DMFC)는 수소의 산화반응에 의해 전기를 생산하는 PEMFC와는 달리, 액체 메탄올의 산화반응에 의해 전기를 생산하는 또 다른 종류의 연료전지이다. 수소 연료로 작동되는 PEMFC를 소형 전자기기에 응용할 경우 기체인 수소의 저장에 한계가 있기 때문에 이를 보완하기 위해 다양한 액체 연료를 시도한 끝에 수소 대신 메탄올을 사용하게 되면서부터 DMFC에 대한 연구가 활발하게 진행되어 시작했다.

DMFC의 전극 반응과 전체 반응을 살펴 보면 아래와 같다.

- 애노드: $CH_3OH + H_2O \rightarrow CO_2 + 6H^+ + 6\,e^-$
- 캐소드: $3/2\,O_2 + 6H^+ + 6\,e^- \rightarrow 3\,H_2O$
- 전 체: $CH_3OH + 3/2\,O_2 \rightarrow CO_2 + 2\,H_2O$

PEMFC의 경우 애노드에서의 수소 산화반응이 매우 빨리 진행되기 때문에 캐소드에서 진행되는 산소 환원반응이 전체 반응 속도를 결정 짓는 단계인 반면, DMFC에서는 메탄올 산화반응의 속도가 매우 느리기 때문에 이 반응이 전체 반응 속도를 결정짓게 된다. 상온에서 메탄올 산화반응에 대한 활성이 가장 우수한 촉매로 알려진 백금(Platinum, Pt)

을 사용하더라도 메탄올 산화반응은 여러 단계를 거쳐 진행되므로 각 단계를 자세히 살펴보아야 한다. 일반적으로 메탄올 산화반응은 아래 식으로 표현된 대로 진행된다.

$$CH_3OH \rightarrow intermediates + H_2O \rightarrow CO_2 + 6H^+ + 6\,e^- \quad (1)$$

$$CH_3OH \rightarrow CO_{ads} + 4H^+ + 4\,e^- \quad (2)$$

$$H_2O \rightarrow OH_{ads} + H^+ + e^- \quad (3)$$

$$CO_{ads} + OH_{ads} \rightarrow CO_2 + H^+ + e^- \quad (4)$$

식 (1)에 나타난 것처럼 메탄올 산화반응의 가장 바람직한 경로는 메탄올이 백금 표면에 중간체로 흡착했다 물과 반응하여 이산화탄소로 완전 산화되며 6개의 수소 이온과 전자를 발생하며 진행되는 것이다. 하지만 대개의 경우 식 (2)에 나타난 것처럼 4개의 수소 이온과 전자를 발생한 후 백금 표면에 일산화탄소로 흡착되어 남게 된다. 흡착된 일산화탄소(CO_{ads})를 완전히 제거하기 위해서는 식 (3)과 같이 물과 반응하여 흡착된 OH_{ads}를 형성한 후, 식 (4)에 나타난 마지막 반응을 거쳐야만 메탄올 산화반응이 종결되게 된다. 하지만 순수한 백금만을 촉매로 사용할 경우 백금이 물로부터 OH_{ads}를 흡착하는 속도가 늦기 때문에 전체적인 메탄올 산화반응의 속도가 느려진다. 이로 인해 백금 표면에 흡착된 일산화탄소를 쉽게 표면으로부터 떨어질 수 없어서 추가적인 메탄올 산화반응에 대한 반응자리를 제공할 수 없게 된다. 이러한 현상을 일산화탄소 피독(CO poisoning)이라고 한다.

메탄올 산화반응 중 발생하는 CO 피독 현상을 줄이기 위해 순수한 백금만 촉매로 사용하는 것이 아니라 현재는 루테늄(Ruthenium, Ru) 금속과 백금을 1:1로 혼합된 합금 촉매(Pt/Ru)를 사용하는 것이 일반적인 사실이다. 루테늄이 사용된 이유는 루테늄이 백금보다 물을 흡착하여 OH_{ads}를 형성하는 능력이 훨씬 우수하므로 전체적인 메탄올 산화반응 속도가 현저하게 증가시키기 때문이다. 백금/루테늄(Pt/Ru) 촉매를 사용했을 경우 메탄올 산화반응을 나타내면 아래와 같다.

$$Pt + CH_3OH \rightarrow Pt - CO_{ads} + 4H^+ + 4\,e^-$$

$$Ru + H_2O \rightarrow Ru - OH_{ads} + H^+ + e^-$$

$$Pt - CO_{ads} + Ru - OH_{ads} \rightarrow Pt + Ru + CO_2 + H^+ + e^-$$

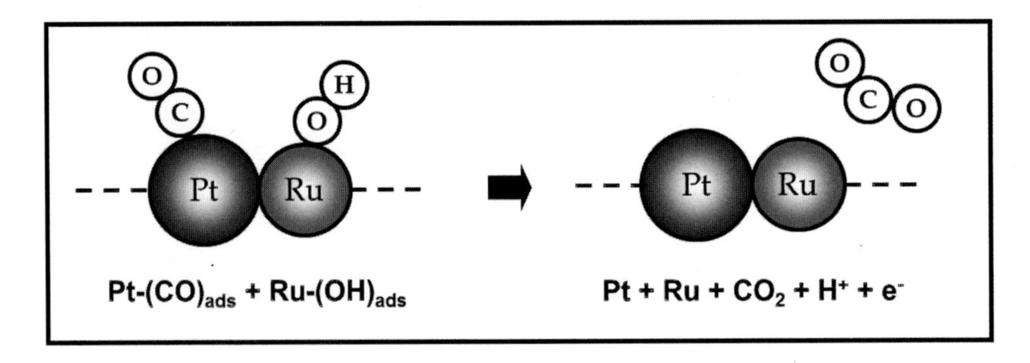

| 그림 4-1 | 백금/루테늄 합금 촉매의 CO 피독 제거 과정

다시 한번 메탄올 산화반응 과정을 살펴 보면, 백금이 메탄올을 산화시켜 표면에 CO_{ads}을 형성하고, 루테늄은 물을 산화시켜 표면에 OH_{ads}을 형성한 후, 백금과 루테늄에 각각 흡착된 CO_{ads}s와 OH_{ads}가 이산화탄소로 산화되면서 전체적으로 6개의 수소 이온과 전자를 발생한다. 하지만 이러한 반응이 효과적으로 진행되기 위해서는 백금과 루테늄 입자들이 물리적으로 혼합되어 있는 것이 아니라 원자 단위로 균일하게 배열되어 있어야 촉매 효과가 극대화될 수 있으므로, 백금과 루테늄을 합금의 형태로 합성되어야만 한다.

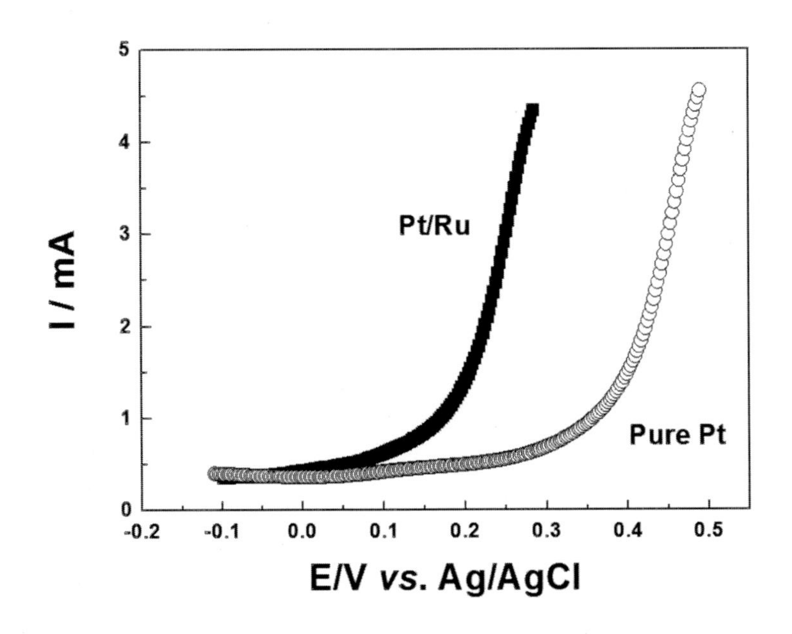

| 그림 4-2 | 백금과 백금/루테늄 촉매의 메탄올 산화반응 활성 비교

본 장에서는 백금(Pt)과 백금/루테늄(Pt/Ru) 촉매를 활용하여 메탄올 산화반응에 활성 평가 방법에 대해 알아보고, 두 촉매 사이의 촉매 활성을 비교해 본다.

3 실험기구 및 시약

- 백금(Pt), 백금/루테늄(Pt/Ru) 촉매
- Nafion 바인더 용액
- 전기화학셀
- 전기화학특성분석기(Potentiostat/Galvanostat)
- 작업전극(working electrode, WE): Glassy carbon electrode
- 상대전극(counter electrode, CE): Pt wire 또는 Pt mesh
- 기준전극(reference electrode, RE): Ag/AgCl 전극
- 0.1 M $HClO_4$ 용액, 2.0 M CH_3OH / 0.1 M $HClO_4$ 용액
- 초음파 분쇄기
- 마이크로 피펫
- 건조 오븐

4 실험방법

(1) 전극 제조

① 촉매(Pt 또는 Pt/Ru) 1 mg 당 증류수 1 ml의 비율로 촉매와 증류수를 혼합하여 촉매 잉크 용액을 제조한다. 촉매를 1 mg만 사용해도 해도 실험에는 충분하지만, 무게측정이 어려우므로 촉매를 5 mg 이상 사용하여 잉크 용액을 제조한다.

② 제조된 촉매 잉크 용액을 초음파분쇄기를 사용하여 균일하게 분산시킨다.

③ 촉매 잉크 10 μL 를 마이크로 피펫으로 측정하여 탄소전극(WE) 위에 떨어뜨린다. 이때 촉매 잉크가 탄소전극이 노출된 부분에만 코팅될 수 있도록 주의한다.

④ 80 ℃로 설정된 건조 오븐에 탄소전극을 넣고 20분 이상 건조한다.

⑤ 5 wt% Nafion 용액과 물을 1:20의 비율로 희석한 Nafion 용액 10 μL를 건조된 탄소 전극 위에 떨어뜨린 후 80 ℃로 설정된 건조 오븐에서 20분 이상 건조시킨다.

(2) 산성 용액 상태에서 순환전압전류법 측정

① 전기화학셀에 0.1 M $HClO_4$ 용액을 일정량 채운다.

② 탄소전극(WE)과 Pt wire(CE), Ag/AgCl 전극(RE)을 전기화학 셀에 넣고 전기화학특성분석기(Potentiostat/galvanostat)의 WE, CE, RE 단자에 각각 연결한다. 이 때 용액에 담긴 각각의 전극들이 서로 접촉하지 않게 주의한다.

③ 전압범위, 주사속도, 반복 회수 등을 설정한 후 순환전압전류법을 측정한다. (예, -0.2 V ~ 1.0 V (Ag/AgCl 전극 기준), 50 mV/s, 5회 반복)

④ 두 번 더 반복하여 순환전압전류법을 측정하고, 실험으로부터 얻어진 그래프가 반복 회수에 따라 더 이상 변화하지 않을 경우 마지막 결과를 저장한다.

(3) 메탄올 산화반응 활성 평가

① 전기화학셀에 2 M CH_3OH / 0.1 M $HClO_4$ 용액을 일정량 채운다.

② 메탄올 산화반응 활성 측정을 위해 전압범위, 주사속도, 반복 회수 등을 설정한 후 순환전압전류법을 측정하고 결과를 저장한다. (예, -0.2 V ~ 1.0 V (Ag/AgCl 전극 기준), 50 mV/s, 5회 반복)

③ 산성 용액에서 측정된 순환전압전류법 측정 결과와 비교하여 메탄올 산화반응 활성을 평가한다.

④ 위의 실험을 백금 촉매와 백금/루테늄 촉매에 대해 각각 실시하고, 그 결과를 비교한다.

5 실험결과 및 계산

① Pt 촉매의 0.1 M $HClO_4$ 용액에서 얻은 순환전압전류법 측정 결과와 2.0 M CH_3OH / 0.1 M $HClO_4$ 용액에서 얻은 순환전압전류법 측정 결과를 한 그래프에 나타내시오.

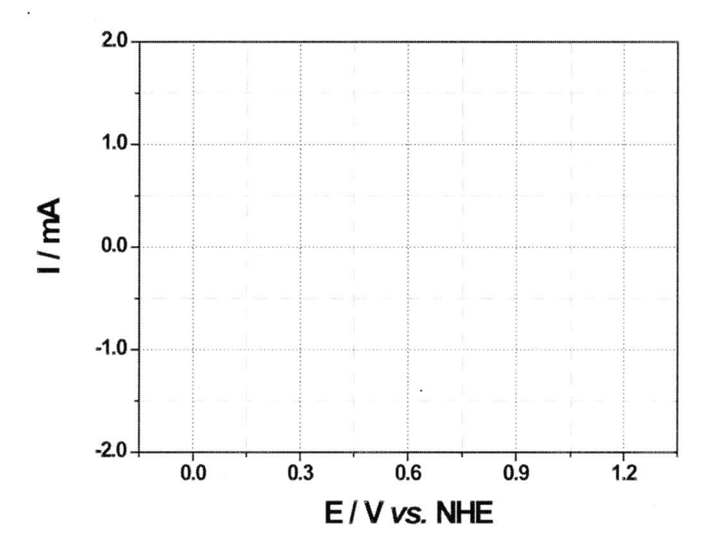

② Pt/Ru 촉매의 0.1 M $HClO_4$ 용액에서 얻은 순환전압전류법 측정 결과와 2.0 M CH_3OH / 0.1 M $HClO_4$ 용액에서 얻은 순환전압전류법 측정 결과를 한 그래프에 나타내시오.

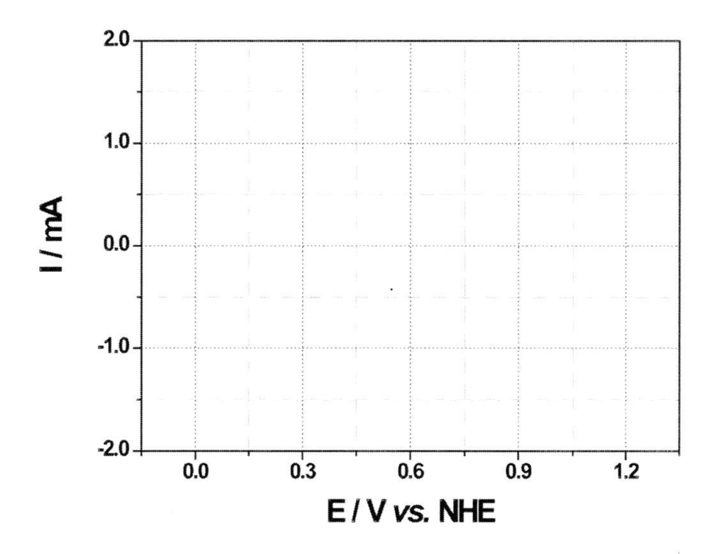

③ 2.0 M CH_3OH / 0.1 M $HClO_4$ 용액에서 얻은 Pt 촉매와 Pt/Ru 촉매의 순환전압전류법 측정 결과를 한 그래프에 나타내고, 촉매의 활성을 비교하여 설명하시오.

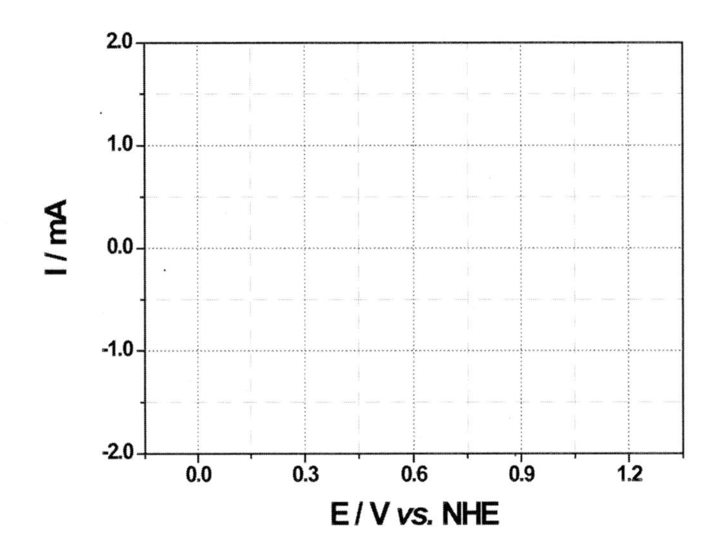

④ 위 그래프를 참고하여 메탄올 산화반응이 일어나기 시작하는 개시 전압(onset potential)을 찾아 아래 표를 작성하시오.

	Pt	Pt/Ru
개시전압 [V]		

실험 보고서

실험 4. 촉매의 메탄올 산화반응 활성 평가

담당교수		조번호	
담당조교		학번	
공동실험자		실험일자	
학과		제출일자	

1. 실험목적

2. 실험원리

3. 실험기구 및 시약

4. 실험방법

5. 결과 및 계산

6. 결과 분석 및 토의

7. 참고문헌

Part 2

고분자 전해질 막의 제조 및 물성 평가

실험 5 : 고분자 전해질 막의 합성

1 실험목적

고분자전해질 연료전지용 전해질 막으로 사용될 술폰화된 폴리에테르에테르케톤(sulfonated polyether ether ketone, sPEEK)을 직접 합성하고 고분자 전해질 막을 성형하는 방법을 배운다.

2 개요

고분자 전해질 연료전지(PEMFC)에 사용되는 고분자 전해질 막에는 다양한 종류가 있으며, 분자구조의 뼈대를 이루는 물질에 따라 탄화수소계와 불소계로 나뉘게 된다. 각각의 고분자 막들은 각기 장단점을 가지고 있는데, 탄화수소계의 경우 높은 이온교환능력을 가지고 있으며, 불소계의 경우 높은 기계적 물성을 가진다. 대표적인 불소계 양이온 교환막인 나피온(Nafion)의 경우 뛰어난 기계적 안정성과 높은 이온 전도도를 가지고 있으나, 높은 투과도와 비싼 가격이라는 단점을 가지고 있다. 나피온 외에도 비슷한 구조를 갖는 다양한 불소계 전해질 막이 이미 상용화 되어 있으며, 이를 간단히 정리하면 [그림 5-1]과 같다.

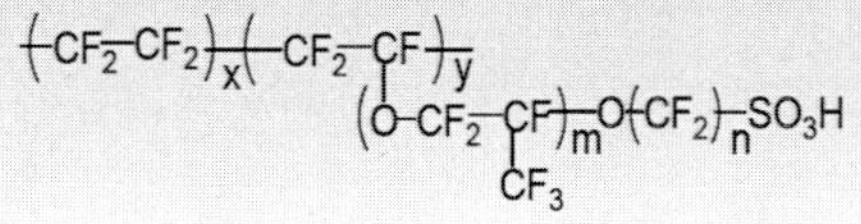

$$-(CF_2-CF_2)_x-(CF_2-\underset{|}{CF})_y-$$
$$(O-CF_2-\underset{CF_3}{CF})_m-O-(CF_2)_n-SO_3H$$

DuPont	Nafion® (120, 117,115, 112)	m=1; n=2; x=5-13.5; y=1000
Asahi Glass	Flemion® (-T, -S, -R)	m=0, 1; n=1-5
Asahi Chem.	Aciplex®-S	m=0, 3; n=2-5; x=1.5-14
Dow Chem.	Dow XUS	m=0; n=2; x=3.6-10

| 그림 5-1 | 상용화된 불소계 고분자 전해질 막

최근에는 이러한 값비싼 상용 불소계 고분자 전해질 막을 대체하기 위하여 다양한 고분자 막에 대한 연구가 이뤄지고 있으며, 그 중 대표적인 것이 탄화수소계 전해질 막인데, 탄화수소계 고분자 막은 불소계에 비하여 낮은 기계적 물성을 가지고 있으나 싼 가격과 높은 이온교환능력을 가지고 있어 주요 연구 대상이다. 현재까지 연구가 진행되고 있는 탄화수소계 전해질 막을 일부 정리하면 [그림 5-2]와 같다.

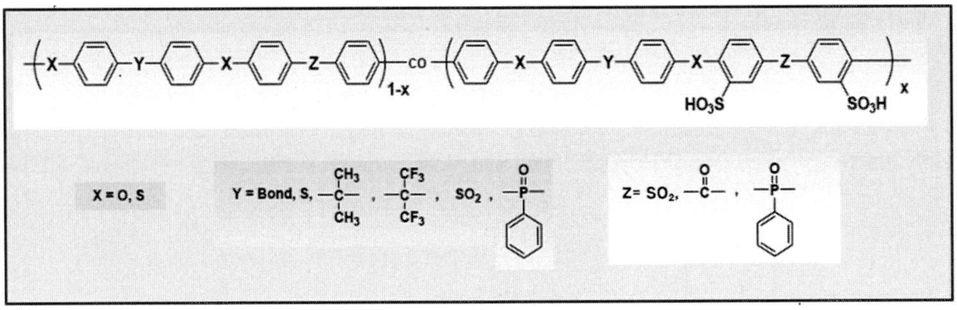

| 그림 5-2 | 나피온 대체를 위해 개발 중인 탄화수소계 전해질 막

[그림 5-2]에 나타난 탄화수소계 전해질 막은 폴리술폰계, 폴리에테르술폰계, 폴레에테르케톤계, 폴레에테르에테르케톤계, 등과 같이 탄화수소계 내열성 고분자에 술폰산기(SO_3H)를 도입시킨 형태이다. 이는 고분자 전해질 막에 이온 전도성을 부여하기 위한 것인데, 고분자의 술폰화도가 높을수록 수분보유도가 증가하고 수소이온 전도도는 증가하지만 동시에 물리적 강도가 급격히 감소하고 치수안정성이 크게 약화되는 현상을 보인다. 따라서 술폰화도를 정밀하게 조절하는 것이 술폰화된 탄화수소계 고분자에 있어 중요한 핵심 요소가 된다.

탄화수소계 고분자에 술폰산기를 도입하는 방법도 크게 두 가지로 나뉠 수 있다. 첫째 방법은 후-술폰화반응(post-sulfonation)인데, 고분자를 먼저 제조한 후, 적당한 술폰화제를 이용하여 술폰화함으로써 고분자 구조 내에 술폰산기(SO_3H)를 도입하는 것이다. 하지만 이 방법은 술폰화도 및 술폰산기 위치를 정확하게 조절하는 것이 어렵고 재현성이 떨어지며, 부반응 및 고분자 주사슬의 분해 가능성이 있다는 문제점이 있다. 이에 반해 두번째 방법은 술폰화된 단량체를 이용한 공중합을 통해 술폰산기가 도입된 고분자를 직접 제조하는 직접 공중합법(direct copolymerization)이다. 강한 술폰화제인 발연황산을 이용하여 단량체(monomer)를 술폰화한 후 고분자 중합을 진행하는 방법으로 높은 분자량을 갖는 고분자를 제조할 수 있기 때문에 높은 이온 교환 능력을 가지고 있으며 열적, 기계적 안정성이 우수한 것으로 알려져 있다. 다만 실험 조건과 방법이 복잡하고 까다로워 비전문가가 합성하기에는 어려움이 있다.

따라서, 본 장에서는 다양한 탄화수소계 고분자 중 비교적 합성이 간단한 폴리에테르에테르케톤(polyether ether ketone, PEEK) 고분자를 이용하여 후-술폰화반응을 통해 수소이온 전달 능력을 가진 술폰산(SO_3H) 작용기가 도입된 술폰화된 폴리에테르에테르케톤(sulfonated PEEK, sPEEK)를 직접 합성해 보고, 고분자 전해질 막으로 제조해 보는 실험을 진행한다.

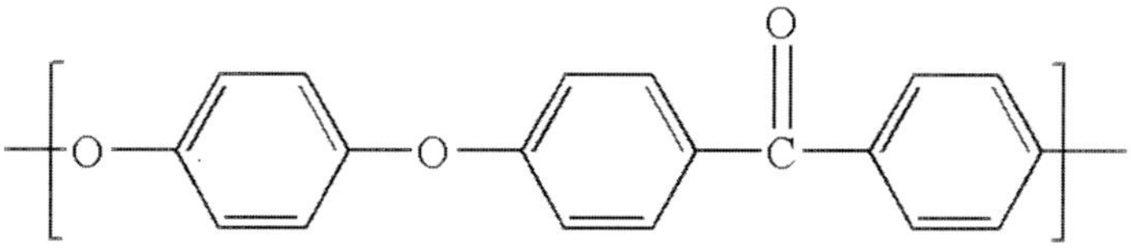

| 그림 5-3 | 폴리에테르에테르케톤(polyether ether ketone, PEEK)

| 그림 5-4 | 술폰화된 폴리에테르에테르케톤(sulfonated PEEK, sPEEK)

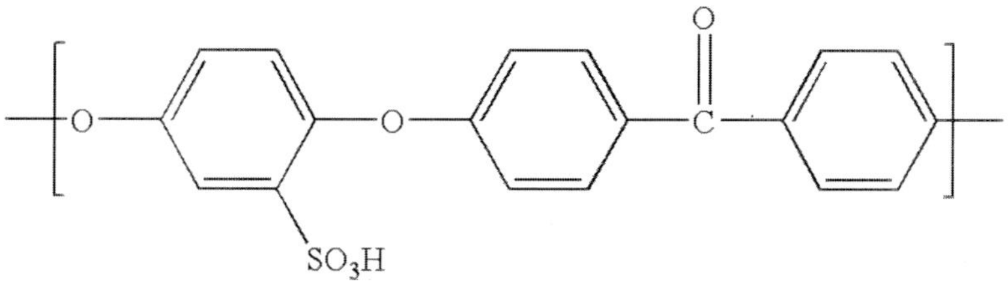

3 실험기구 및 시약

- 250 ml 2구 둥근 바닥플라스크
- 건조 오븐
- 교반기(mechanical stirrer)
- 95 % 황산(H_2SO_4)
- 폴리에테르에테르케톤(polyether ether ketone)
- 유리판
- 고무 가스킷
- 디메틸아세트아미드(dimethylacetamide, DMAc, $CH_3C(O)N(CH_3)_2$))
- 수산화나트륨(NaOH) 수용액
- 막 두께 측정기

4 실험방법

(1) 고분자 막의 합성

① 폴리에테르에테르케톤(PEEK) 8 g을 100 ℃ 건조 오븐에서 24시간 동안 건조시킨다.

② 250 ml 2구 둥근 바닥 플라스크에 95 % 황산 200 ml를 넣고 교반기를 이용하여 강하게 교반시킨다.

③ 교반 중인 황산 용액에 건조된 폴리에테르에테르케톤(PEEK)를 넣고 상온에서 60시간 동안 반응시킨다.

④ 500 ml 비커에 증류수 400 ml를 채우고 교반시킨다.

⑤ 교반 중인 증류수에 황산에 용해된 폴리에테르에테르케톤(PEEK) 용액을 조심스럽게 붓는다.

⑥ 수산화나트륨(NaOH) 수용액으로 중화 적정 한 후 건조시킨다.

(2) 고분자 막의 성형

① 합성된 술폰화된 폴리에테르에테르케톤(sPEEK)를 디메틸아세트아미드 (DMAc) 용매에 13 wt%가 되도록 용해시킨다.

② 깨끗한 유리판에 가스킷을 부착시키고, 폴리에테르에테르케톤(sPEEK) 용액을 붓는다.

③ 용액을 부은 유리판을 50 ℃ 진공 오븐에서 24시간 동안 건조시킨다.

④ 오븐을 감압시키고 시간당 10 ℃씩 상승시켜 최종적으로 120 ℃에서 24시간 동안 건조시킨다.

⑤ 건조된 고분자 막을 증류수에 함침시켜 유리판에서 떼어낸다.

⑥ 제조된 고분자 전해질 막의 두께를 측정한다.

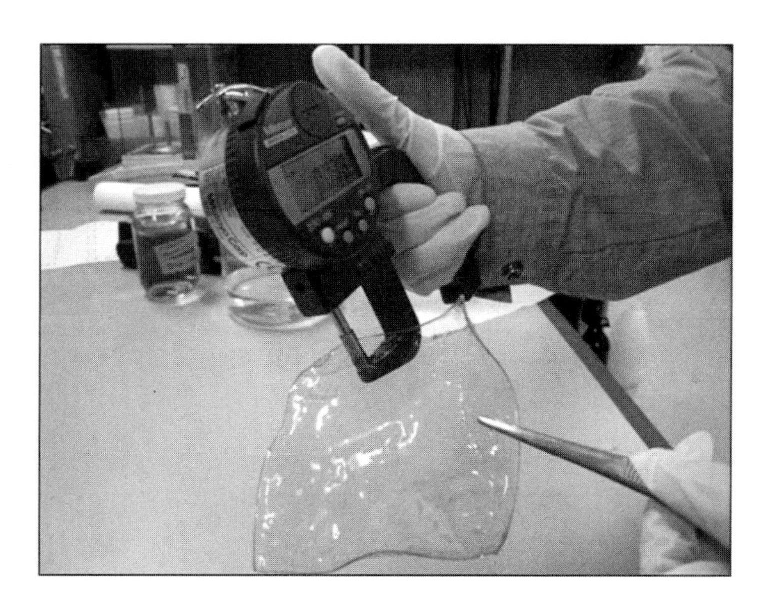

| 그림 5-5 | 고분자 전해질 막의 두께 측정

5 실험결과 및 계산

(1) 고분자 전해질 막 두께 측정

아래 그림과 같이 동일한 고분자 전해질 막의 9곳의 두께를 3번 이상 측정하여 평균값을 기록한다.

(1)	(2)	(3)
(4)	(5)	(6)
(7)	(8)	(9)

평균 두께 = (   )

실험 보고서

실험 5. 고분자 전해질 막의 합성

담당교수		조번호	
담당조교		학번	
공동실험자		실험일자	
학과		제출일자	

1. 실험목적

2. 실험원리

3. 실험기구 및 시약

4. 실험방법

5. 결과 및 계산

6. 결과 분석 및 토의

7. 참고문헌

실험 6 : 고분자 전해질 막의 치수변화와 함수율 측정

1 실험목적

고분자 전해질 막의 치수변화와 함수율을 측정하는 방법을 익히고, 측정된 결과를 이용해 고분자 막의 성능을 평가하는 방법을 배운다.

2 개요

고분자 전해질 연료전지(PEMFC)는 1960년 유인우주선을 개발하고자 하는 NASA의 노력의 일환으로, GE(general electric)에 의해 처음 개발된 이후로 자동차용과 건물용 연료전지로 사용되기 위해 많은 연구가 진행되어 왔다.

고분자 전해질 막은 수소이온을 전달하는 매개체로 작용되며, 연료로 사용되는 수소와 산소 기체를 분리하는 역할을 동시에 수행해야 한다. 따라서 연료전지용 막은 수소이온 전도성의 우수해야 하고, 전기 전도성이 없어야 하며, 연료에 대한 투과도가 낮아야 하고, 기계적 강도가 높아야 하며, 화학적 안정성이 있어야 한다.

현재 PEMFC 전해질 막으로 가장 널리 사용되어 온 듀폰(Dupont)사의 나피온(Nafion)은 테플론(Poly Tetra-Fluoro Etylene, PTFE 또는 Teflon)을 주사슬(backbone)로 하고 곁사슬(side chain)에 술폰산기(HSO_3)를 함유하는 과불소화 술폰산 공중합체(Perfluoro-sulfonic Acid copolymer, PFSA)이다([그림 6-1] 참고). 테플론 주사슬을 구성하는 불소와 탄소 사이에는 강력한 결합이 있기 때문에 화학적 부식에 강한 내구성을 가지고 있으며, 또한 소수성이 매우 큰 성질을 가지고 있다. 이에 반해 결사슬에 결합된 술폰산기(HSO_3)는 이온 결합을 하여 SO_3^-와 H^+로 존재하기 때문에 각 분자의 양이온과 음이온 사이에 강한 인력이 발생한다. 그 결과 곁사슬들은 전체 구조 안에서 클러스터(cluster)를 형성하며 강한 친수성을 가진다. 이렇게 형성된 친수성 클러스터 영역은 다량의 수분을 흡수할 수 있으며, 이로 인해 수소이온이 쉽게 전도될 수 있게 된다.

```
 F F F F F F F F F F F F F F F
 | | | | | | | | | | | | | | |
-C-C-C-C-C-C-C-C-C-C-C-C-C-C-C-
 | | | | | | | | | | | | | | |
 F F F F F F F O F F F F F F F
               |
             F-C-F
               |
             F-C-F
               |
               O
               |
             F-C-F
               |
             F-C-F
               |
             O=S=O
               |
               O-
                 H+
```

| 그림 6-1 | 과불소화 술폰산 공중합체(PFSA)의 구조

| 그림 6-2 | 친수성과 소수성이 구분되는 나피온 내부 구조

이러한 나피온으로 대변되는 불소계 전해질 막은 이온 전도성, 산화 저항성, 내열성 등이 우수하지만, 수화 정도에 따른 부피변화, 고온에서 수분 증발 시 이온전도도 감소, 연료 기체의 투과 및 높은 제조 비용 등으로 개선의 여지가 많은 것으로 알려져 있다. 특히 연료로서 메탄올을 사용하는 DMFC의 경우 메탄올의 투과현상(crossover) 때문에 연료

전지의 성능이 크게 낮아지므로 이를 개선하기 위한 연구가 많이 진행되고 있다.

본 장에서는 여러 가지 고분자 전해질 막을 평가하는 물성 중 치수변화와 함수율에 대해 살펴보고자 한다. 함수율(water uptake)은 고분자 막의 수분함량 변화를 평가하는 것으로, 함수변화가 클수록 수분 흡수 능력이 크기 때문에 수소 이온 전달 능력과 직접 비례 관계에 있다. 이에 반해 치수변화는 고분자 전해질 막이 함습되고 건조되었을 때의 치수 변화를 나타낸 것으로, 치수변화가 클수록 기계적 안정성은 떨어진다고 알려져 있다. 따라서 상용 전해질인 나피온을 이용해 치수변화와 함수율을 직접 측정해 본다.

3 실험기구 및 시약

- 고분자 전해질 막 (Nafion 115 또는 탄화수소계 막) 4×4 cm
- 건조 오븐
- 저울
- 가열교반기
- 온도계

4 실험방법

(1) 치수변화 (Dimensional Change)

① 건조 상태에서 4×4 cm 크기로 절단된 고분자 전해질 막을 증류수에 충분한 시간 (12시간 이상) 동안 담가 더 이상의 부피 증가가 없을 때까지 팽윤(swelling) 시킨다.

② 증류수에서 팽윤된 고분자 전해질 막을 꺼내 표면 물기만 제거한 후 가로, 세로 및 두께를 측정한 후 부피(V_{wet})로 환산하여 기록한다.

③ 고분자 전해질 막을 테플론 시트 사이에 끼운 후, 테플론 시트를 유리판 사이에 넣고, 80 ℃의 진공 건조기에서 24시간 건조시킨다.

④ 건조된 고분자 전해질 막의 가로, 세로, 및 두께를 측정하여 부피(V_{dry})를 계산한다.

⑤ 실험 결과의 신뢰도를 높이기 위해 동일한 종류의 전해질 막을 3개 이상 준비하여 동시에 측정을 실시한다.

⑥ 나피온 막 외 다른 종류의 전해질 막(예, 탄화수소계 전해질 막)을 이용하여 동일한 실험을 반복하여 그 결과를 비교한다.

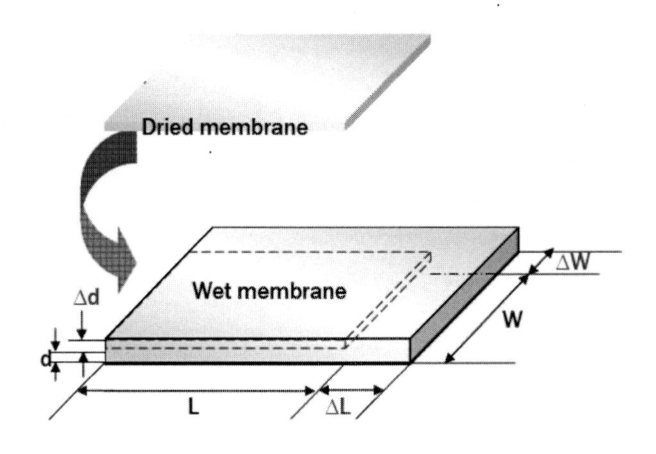

| 그림 6-3 | 고분자 전해질 막의 건조 전/후 비교

(2) 함수율(Water Uptake)

① 건조 상태에서 4×4 cm 크기로 절단된 고분자 전해질 막을 증류수에 충분한 시간 (12시간 이상) 동안 담가 더 이상의 부피 증가가 없을 때까지 팽윤(swelling) 시킨다.

② 증류수에서 팽윤된 고분자 전해질 막을 꺼내 표면 물기만 제거한 후 질량(W_{wet})을 측정한다.

③ 고분자 전해질 막을 테플론 시트 사이에 끼운 후, 테플론 시트를 유리판 사이에 넣고, 80 ℃의 진공 건조기에서 24시간 건조시킨다.

④ 건조된 고분자 전해질 막의 질량(W_{dry})을 측정한다.

⑤ 실험 결과의 신뢰도를 높이기 위해 동일한 종류의 전해질 막을 3개 이상 준비하여 동시에 측정을 실시한다.

⑥ 나피온 막 외 다른 종류의 전해질 막(예, 탄화수소계 전해질 막)을 이용하여 동일한 실험을 반복하여 그 결과를 비교한다.

5 실험결과 및 계산

(1) 치수변화율 계산

	건조 전	건조 후	변화율
가로			
세로			
두께			
부피			

(2) 함수율 계산

	건조 전	건조 후	변화율
질량			

실험 보고서

실험 6. 고분자 전해질 막의 치수변화와 함수율 측정

담당교수		조번호	
담당조교		학번	
공동실험자		실험일자	
학과		제출일자	

1. 실험목적

2. 실험원리

3. 실험기구 및 시약

4. 실험방법

5. 결과 및 계산

6. 결과 분석 및 토의

7. 참고문헌

실험 7 : 고분자 전해질 막의 이온 전도도 측정

1 실험목적

고분자 전해질 막의 이온 전도도를 측정하는 방법을 익히고, 측정된 결과를 이용해 고분자 전해질 막의 성능을 평가하는 방법을 배운다.

2 개요

이온 전도도(ionic conductivity)는 연료전지에 사용되는 전해질에 관계없이 전해질의 가장 중요한 물성이며, 특히 수소이온 전도도(proton conductivity)는 전해질 막의 연료전지 적용 가능성을 평가하는 가장 우선시 되는 물성이다. 고분자 전해질 막에서 이온 전도도를 측정함으로써 막의 내부에 이온이 이동할 수 있는 채널(channel)이 얼마나 형성되었는지 판별 할 수 있으며, 이를 통해 고분자 전해질 막의 성능을 평가하게 된다. 이온 전도도를 측정하는 방법은 두 가지가 있으며 이온이 고분자 막을 통과하는 through-plane 방식과 고분자 막의 표면을 지나가는 in-plane 방식이 있는데, 대개의 경우 in-plane 방식으로 고분자 막의 이온 전도도를 측정한다.

이온 전도도는 고분자 전해질 막의 교류 임피던스법을 통해 측정할 수 있다. 교류 임피던스법은 고분자 전해질 막에 넓은 범위의 주파수를 갖는 교류 전압을 가하고, 측정되는 교류 전류로부터 임피던스를 구하여 이온 전도도를 계산하는 방법이다. 쉽게 표현하자면 복합 저항의 개념이기 때문에 임피던스 값이 작게 나오면 고분자 막의 이온 전도도가 큰 값을 갖는다. 이온전도도가 높다는 것은 고분자 막에서의 이온의 이동이 원활하다는 것을 의미하며 이는 고분자 막의 성능이 좋다고 할 수 있다. 그러나 고분자 전해질 막은 우리가 원하는 이온만을 통과시키는 이온 선택도(ion selectivity)가 가장 중요하다. 이온 전도도가 높다는 것은 이온투과도(ion permeability)가 높을 가능성이 있으며 이는 우리가 원하지 않는 이온을 투과시킬 위험성이 있다. 따라서 이온 전도도와 이온투과도 간의 밸런스가 중요하다.

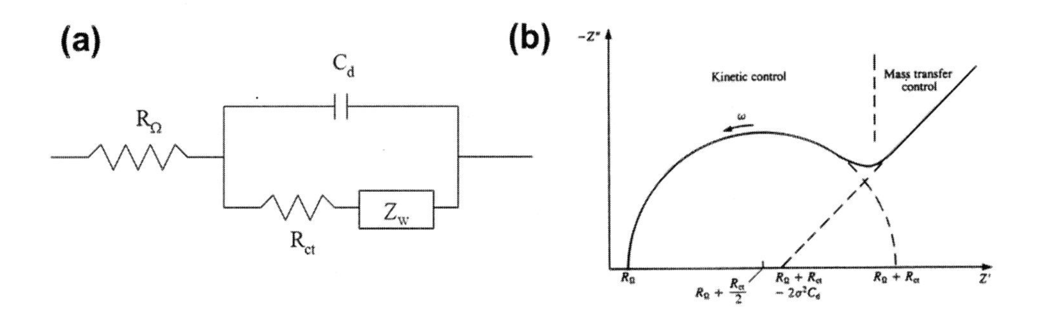

| 그림 7-1 | (a) 전기화학셀의 등가회로와 (b) 임피던스 결과

[그림 7-1]은 전기화학반응이 일어나는 전극의 등가회로와 그에 상응하는 임피던스 결과를 나타낸 그림이다. 여기에서 R_W는 전극 사이의 용액(전해질) 저항을, C_d는 이중층 축전기(double layer capacity), R_{ct}는 전하전이 저항(charge transfer resistance), Z_w는 와버그 임피던스(Warburg impedance)를 나타내는 등 다소 복잡해 보이지만 이를 단순화시켜 본다면 이온 전도도와 관련 있는 전해질 저항만 찾아 낼 수 있다. 즉 주파수가 커질수록 반원 모양의 임피던스 값이 감소하고 있는데, x축과 만나는 점으로부터 용액(전해질) 저항(R_W)을 구할 수 있다.

따라서 전기화학반응 없는 고분자 전해질 막의 이온 전도도를 측정하기 위해서는 주파수를 변화시키며 임피던스 그래프(값)를 얻고, 그래프로부터 x축과 만나는 임피던스(R)만 얻으면 [그림 7-2]로부터 이온 전도도를 계산할 수 있다. 이를 바탕으로 본 장에서는 다양한 종류의 전해질 막을 이용하여 교류 임피던스를 측정해 봄으로서 이온 전도도를 측정해 본다.

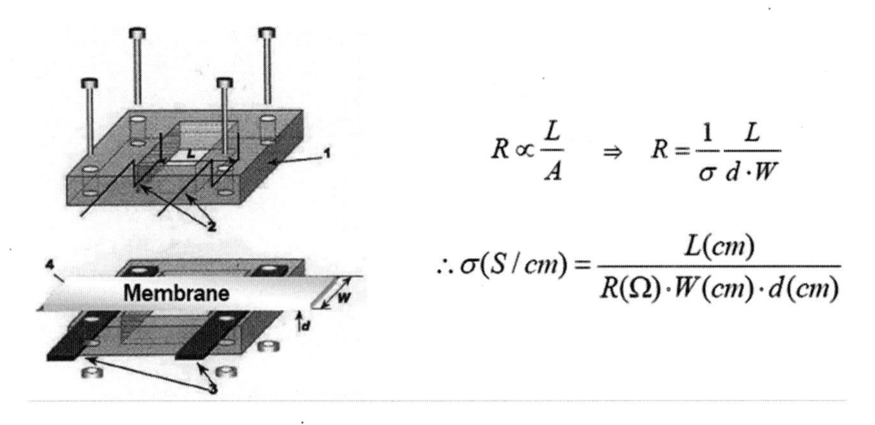

| 그림 7-2 | 이온전도도 측정을 위한 모식도와 계산식

3 실험기구 및 시약

- 전기화학적 임피던스 분석기(Electrochemical Impedance Analyzer)
- 고분자 전해질 막 (1×4 cm)
- 전기전도도 측정용 셀
- 500 ml 비커

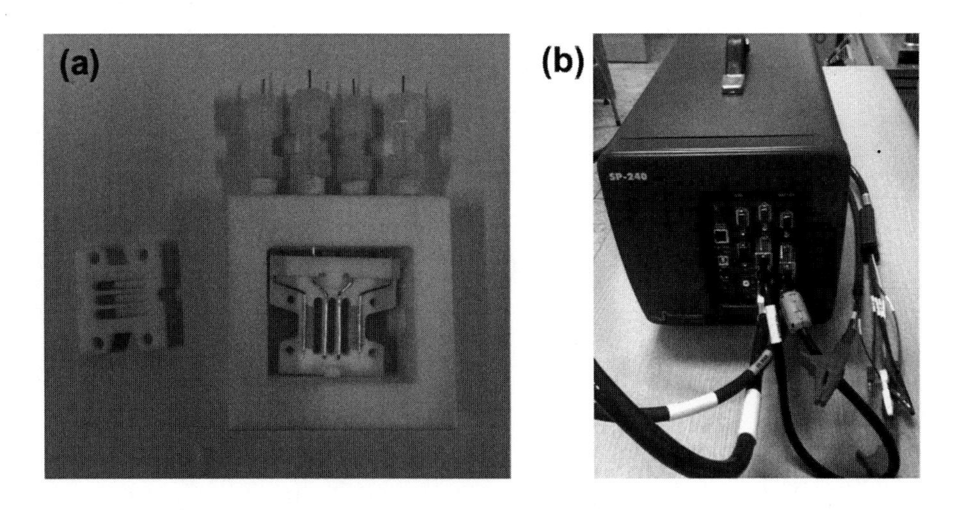

| 그림 7-3 | (a) 이온전도도 측정 셀과 (b) 전기화학적 임피던스 분석기

4 실험방법

(1) 수소이온 전도도 측정

① 충분히 함습된 고분자 막(1×4 cm)을 이온 전도도 측정용 셀의 전극과 수직방향으로 넣고 팽팽하게 당겨진 상태에서 볼트를 체결해 조립한다.

② 측정장치와 전극을 연결한 후, 셀을 증류수가 담긴 비커에 넣어 셀 위쪽까지 침전시킨다.

| 그림 7-4 | 고분자 전해질 막이 장착된 측정셀과 임피던스 분석기의 연결

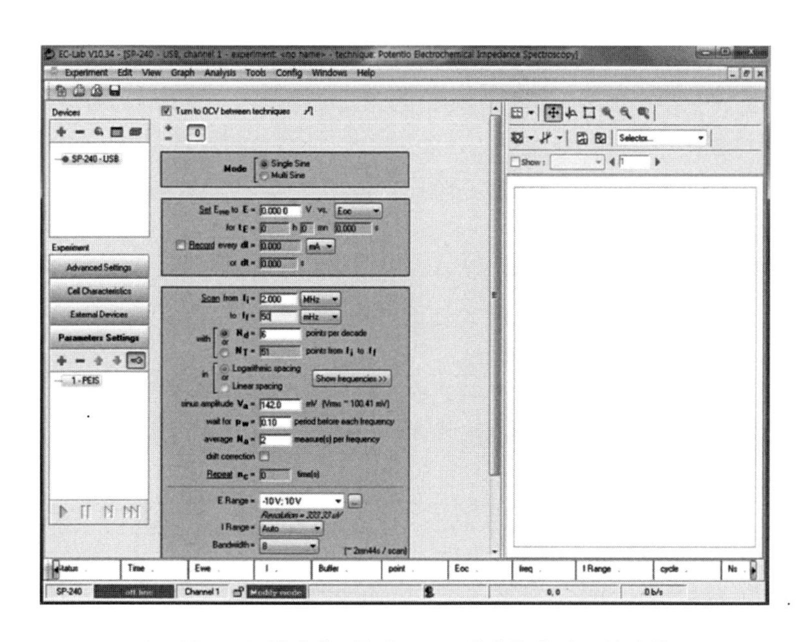

| 그림 7-5 | 임피던스 측정 프로그램의 측정 변수 입력 창

③ 임피던스 분석기(BioLogics사의 SP-240)와 컴퓨터를 연결시키고, 측정 프로그램을 실행한다.

④ 측정할 주파수 범위, 전압과 전압 폭 등을 입력하고 임피던스를 측정한다. 측정할 주파수 범위는 장치에 따라 다르겠지만 50 mHz ~ 1 MHz 정도로 한다.

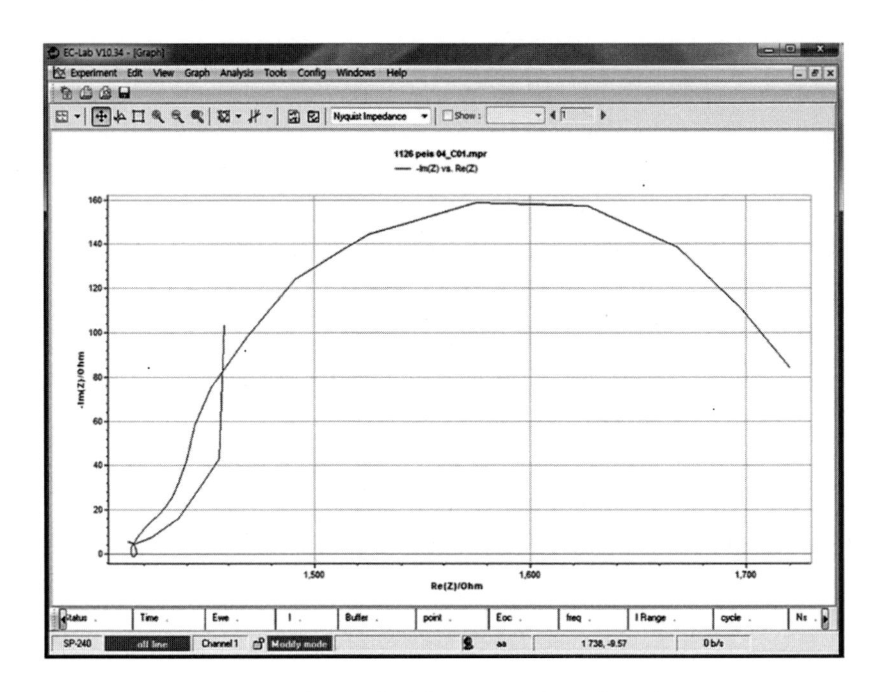

| 그림 7-6 | 고분자 전해질 막의 임피던스 측정 결과

⑤ 동일한 조건에서 임피던스는 5회 이상 측정한 후 평균값을 사용한다.

⑥ 상온 외에 서로 다른 온도(40 ℃, 60 ℃, 80 ℃)에서 측정할 경우 이온 전도도 측정 셀을 항온 챔버에 넣고 임피던스 측정을 실시한다.

⑦ 습도가 조절 가능한 항온 챔버가 있다면 동일한 온도에서 습도를 다르게 하여 임피던스를 측정하여, 온도별 그리고 습도별 이온 전도도를 비교해 본다.

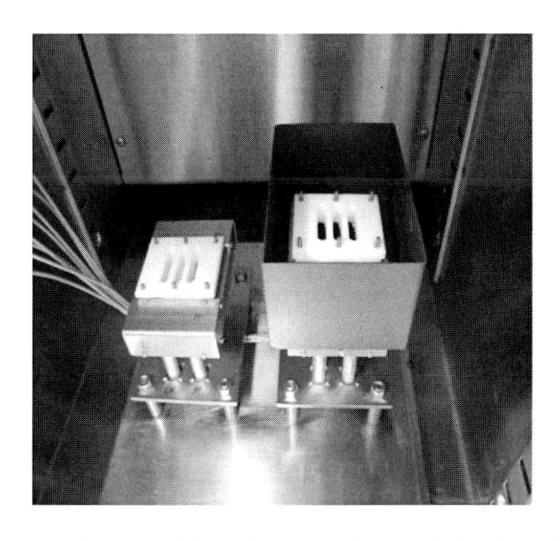

| 그림 7-7 | 항온 챔버에 설치된 이온 전도도 측정용 셀의 예시

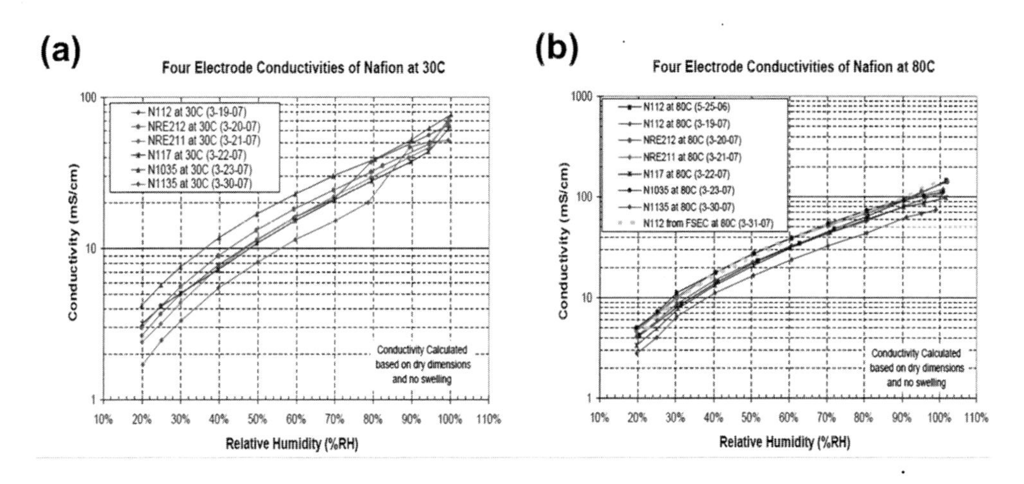

| 그림 7-8 | 나피온의 온도와 습도에 따른 이온 전도도 변화

5 실험결과 및 계산

(1) 임피던스 측정 결과

	임피던스(Ω)	이온전도도(S/cm)
1차		
2차		
3차		
4차		
5차		
평균		

(2) 수소이온 전도도 계산

$$\sigma(s\,cm^{-1}) = \frac{L(cm)}{R\left(\Omega\right) \times W(cm) \times d(cm)} =$$

$\sigma(S\,cm^{-1})$: 이온 전도도

$R\left(\Omega\right)$: 고분자 전해질 막의 저항 (측정된 임피던스)

$L(cm)$: 전극 사이의 거리

$W(cm)$: 전극의 폭

$d(cm)$: 고분자 전해질 막의 두께

실험 보고서

실험 7. 고분자 전해질 막의 이온전도도 측정

담당교수		조번호	
담당조교		학번	
공동실험자		실험일자	
학과		제출일자	

1. 실험목적

2. 실험원리

3. 실험기구 및 시약

4. 실험방법

5. 결과 및 계산

6. 결과 분석 및 토의

7. 참고문헌

실험 8 : 고분자 전해질 막의 이온교환용량 측정

1 실험목적

고분자 전해질 막의 이온교환용량을 측정하는 방법을 익히고, 측정된 결과를 이용해 고분자 전해질 막의 물성을 평가하는 방법을 배운다.

2 개요

연료전지에 사용되는 고분자 전해질 막은 기기의 성능향상을 위해 다양한 물성을 일정 수준 이상 충족시켜야 한다. 고분자 전해질 막은 연료전지의 성능을 좌우하는 핵심구성 요소 중의 하나이다. 현재 상업적으로 가장 널리 사용되고 있는 고분자 전해질 막은 양이온 교환 능력이 있는 기능기 중 술폰산기(-SO_3H)가 부여 된 고분자 전해질 막이다.

연료전지의 전해질은 적용되는 연료전지의 타입에 따라 선택된 양이온(수소이온)이나 음이온(수산화이온)을 교환하여 전달시키는 역할을 수행하여야 한다. 좀 더 자세히 살펴보면 대표적인 고분자 전해질 막인 나피온(Nafion)의 수소 이온 전달 원리는 vehicle 메커니즘과 hopping 메커니즘으로 나뉠 수 있다. 앞서 살펴 본 바와 같이 나피온의 경우 테플론으로 구성되는 주사슬은 소수성을 띠나 술폰산기가 결합되어 있는 곁사슬은 친수성을 띠는 클러스터를 형성한다. 이 클러스터가 수분을 흡수할 경우 영역이 크게 확장되는데 이 영역을 통해 물과 결합된 형태로 수소이온이 전달될 수 있으며 이를 vehicle 메커니즘이라고 한다. 뿐만 아니라 곁사슬(side chain)에 강산인 술폰산 음이온(-SO_3^-)을 포함하고 있어, 반대로 하전된 수소이온과 쉽게 결합하며, 동시에 수화상태에서 쉽게 결합하거나 떨어져 수소이온을 다른 곁사슬에 달린 술폰산기로 전달시킨다. 이를 hopping 메커니즘이라고 한다. 이러한 두 메커니즘을 [그림 8-1]에 보기 쉽게 나타내었다.

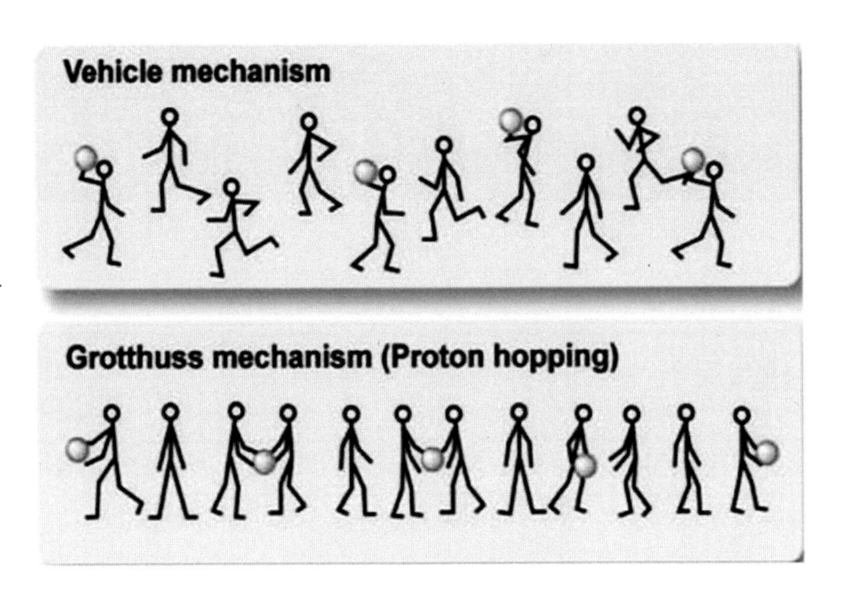

| 그림 8-1 | 수소이온 전달을 위한 메커니즘

고분자 전해질 막 내에서 수소 이온을 전달하는 메커니즘 중 hopping 메커니즘에 의한 수소이온이 전달되는 정도를 이온교환능력(Ion Exchange Capacity, IEC)으로 표시할 수 있는데, 이온교환능력은 물질의 단위 중량당 이온을 교환할 수 있는 능력을 나타낸 것이다. 일반적으로 전해질의 이온전달속도(이온 전도도)는 연료전지의 전기화학적 성능에 직접적으로 영향을 미치게 된다. 이때, 수소이온 전도도는 대개 전해질 내 반대 전하로 하전된 작용기의 농도에 비례한다. 예를 들면, Nafion®에서는 수소이온에 대한 전도도는 고분자 단위질량당 포함된 SO_3^- 함량에 비례한다. 이를 이온교환능으로 정의하며 단위는 meq/g을 사용한다. 이 때 'meq'란 'milli equivalent'의 줄임말로 산화수가 1인 경우, mmol과 같은 의미로 해석하여도 좋다. 따라서 본 장에서는 나피온 전해질을 이용하여 이온교환능 측정 방법을 익히고, 나피온의 이온교환능력을 측정해 본다.

3 실험기구 및 시약

- 1 M HCl
- 1 M NaCl
- 0.01 M NaOH
- 고분자 전해질 막 (4×4 cm)
- 건조 오븐
- 저울
- 적정 장치
- pH meter

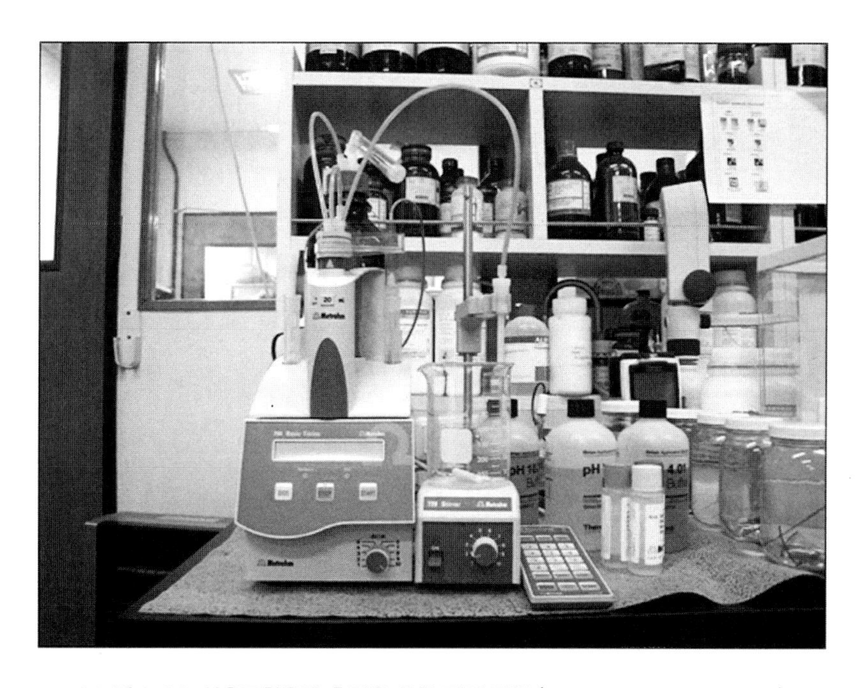

| 그림 8-2 | 이온교환용량 측정을 위한 적정 장치 (Metrohm 794 Basic Trino)

4 실험방법

① 고분자 전해질 막을 4×4 cm로 절단한 후 1 M HCl 용액 50 ml가 채워진 비커에 24시간 동안 담가 둔다.

② 고분자 전해질 막을 1 M HCl 용액으로부터 꺼내 표면을 증류수로 세척 후, 진공상태 80 ℃에서 24시간 동안 건조시킨다.

③ 건조시킨 고분자 전해질 막을 오븐에서 꺼낸 직후, 건조 질량(W_{dry})을 측정한다.

④ 동일한 고분자 전해질 막을 1 M NaCl 용액 25 ml가 채워진 비커에 넣고 24시간 동안 함침시킨다. 이 과정 동안 고분자 전해질 막의 수소이온(H^+)은 소듐이온(Na^+)으로 치환된다.

⑤ 고분자 전해질 막을 꺼낸 후 1 M NaCl 용액 25 ml에 들어있는 수소이온(H^+)의 농도를 알아내기 위해 0.01 M NaOH 수용액을 조심스럽게 가하면서 pH meter를 통해 적정한다. 중화될 때까지 소모된 0.01 M NaOH 용액의 양을 기록한다.

⑥ 중화점까지 소모된 0.01 M NaOH의 양을 이용하여 이온교환용량(Ion Exchange Capacity)를 측정한다.

⑦ 실험 결과의 신뢰성 확보를 위해 동일한 실험을 3회 이상 반복한다.

5 실험결과 및 계산

(1) 이온교환용량 계산

	1차	2차	3차	평균
적정에 사용된 NaOH 소모량(ml)				

$$\mathrm{IEC}\left(\frac{\mathrm{meq}}{\mathrm{g}}\right) = \frac{C_{NaOH}\left(\frac{meq}{l}\right) \times V_{NaOH}(ml)}{W_{dry}(g)} =$$

$\mathrm{IEC}\left(\frac{\mathrm{meq}}{\mathrm{g}}\right)$:이온교환용량

$C_{NaOH}\left(\frac{meq}{l}\right)$: 적정에 사용된 NaOH 몰농도

$V_{NaOH}(ml)$: 적정에 사용된 NaOH 소모량

$W_{dry(g)}$: 고분자 전해질 막의 질량

실험 보고서

실험 8. 고분자 전해질 막의 이온교환용량 측정

담당교수		조번호	
담당조교		학번	
공동실험자		실험일자	
학과		제출일자	

1. 실험목적

2. 실험원리

3. 실험기구 및 시약

4. 실험방법

5. 결과 및 계산

6. 결과 분석 및 토의

7. 참고문헌

실험 9 : 고분자 전해질 막의 메탄올 투과도 측정

1 실험목적

고분자 전해질 막에서의 메탄올 투과 현상을 이해하고, 실험을 통해 메탄올 투과량 측정 및 검정곡선(검량선) 그리는 방법을 배운다.

2 개요

1960년대 미국 듀폰(Dupont)사에서 개발된 대표적인 과불소계 전해질 막인 나피온(Nafion)은 내화학성, 내산화성, 우수한 이온 전도성으로 인해 현재까지 연료전지용 고분자 전해질 막의 표준으로 이용되고 있으나, 고온에서 급격한 이온 전도도 감소, 불소계 단량체 제조 및 중합체 제조 시의 환경오염 및 긴 프로세스로 인한 높은 가격 등의 기술적 단점을 가지고 있어 연료전지용 고분자 전해질 막으로의 이용에 한계를 가지고 있다. 특히, 연료로서 물과 메탄올을 함께 사용하는 직접 메탄올 연료전지(DMFC)의 경우 이들에 함유된 소수성 불소(F)원자가 물과의 결합을 방해하기 때문에 저습 환경에서 전도도가 크게 저하되는 문제점을 나타내게 된다. 더구나, 이온 전도도를 높은 수준으로 유지하기 위하여 과도한 습윤 환경을 조성하게 되면 메탄올 연료의 전해질 막 투과현상도 함께 가속되므로 DMFC 전해질 막으로 이들을 적용하는 데에는 큰 제한이 따른다.

따라서 메탄올을 원료로 사용하는 DMFC에서는 메탄올의 전해질 막 투과를 감소시키는 것이 전해질 막 개발의 중심 과제이다. 최근 이를 위하여 전해질 막 표면의 나노 복합화, 산-염기 고분자의 이온 가교, 화학적 가교를 통한 이온 채널 조절, 블록 공중합 등의 새로

운 제조 기술이 소개되고 있다.

메탄올의 전해질 막 투과에 대한 연구를 진행하기 전에 실제 사용하고 있는 고분자 전해질 막이 나피온을 통해 얼마나 많은 양의 메탄올이 넘어가고 있는지 측정해 보고 평가해 보는 것이 우선되어야 한다. [그림 9-1]은 현재까지 가장 널리 사용하고 있는 메탄올 투과도 측정방법을 나타낸 그림이다.

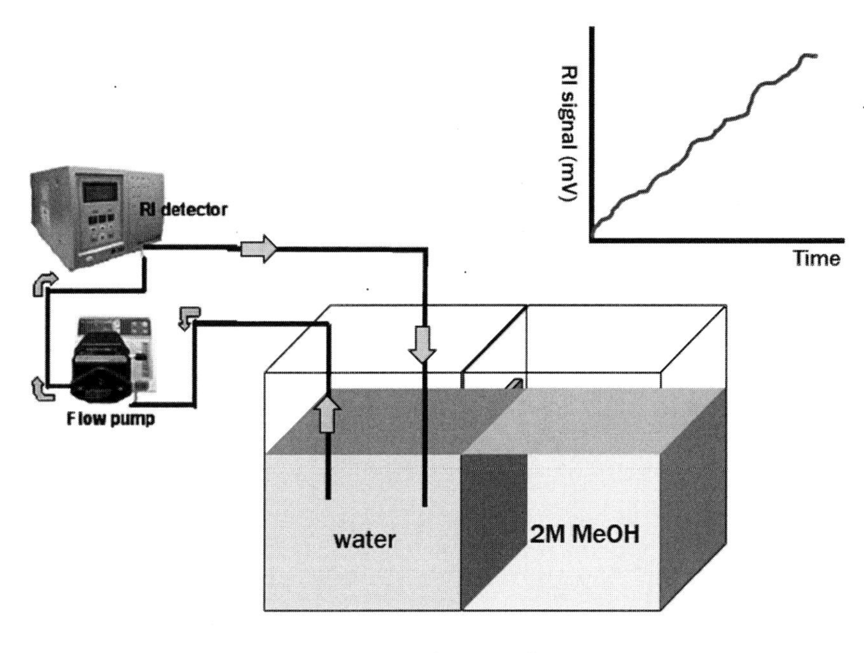

| 그림 9-1 | 메탄올 투과도 측정 방법

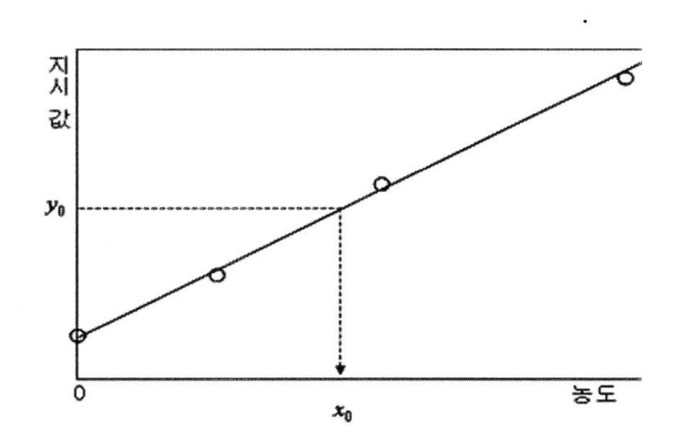

| 그림 9-1 | 검정곡선법에 의한 검정 곡선

우선 서로 다른 용기에 메탄올 용액과 증류수를 채운 후 두 용기 사이에 고분자 전해질 막을 장착한다. 두 용기 사이의 농도 차이에 의해 메탄올은 한쪽에서 다른 쪽으로 넘어가는 투과 현상이 발생하며 시간이 지남에 따라 넘어오는 메탄올의 양은 점점 더 많아진다. 증류수가 포함된 용기의 일정량을 일정 간격의 시간마다 채취하여, 용액의 굴절률을 측정한 후 검정곡선을 이용하면 넘어온 메탄올의 양을 간접적으로 확인할 수 있다. 검정곡선은 미지 용액의 농도를 측정하기 위해 그 물질의 물성을 이용하여 농도를 추정하는 것이다. 즉, 다양한 농도의 메탄올 용액을 제조한 후 각 용액의 굴절률을 측정하여 용액의 농도와 굴절률의 상관관계를 미리 정해 놓는 것이다. 이러한 검정 곡선을 이용하면 용액의 굴절률 측정만으로 용액의 농도를 추정할 수 있게 된다. 검정곡선을 통해 시간에 따라 넘어온 메탄올의 용액의 농도의 측정이 모두 끝이 나면 아래와 같은 식을 통해 고분자 전해질 막의 메탄올 투과도를 계산할 수 있다.

$$\text{메탄올 투과도}\left(\frac{cm^2}{s}\right) = a \times \frac{V_R \times L}{A \times C_A}$$

위 식에서는 a는 시간에 대한 농도 그래프의 기울기, V_R은 메탄올 투과도 측정용 저장 장치에 채워진 물의 부피, L은 고분자 전해질 막의 두께, A는 전해질 막의 투과 면적, 그리고 C_A는 실험에 사용된 농도를 나타낸다. 위 식에서 a를 제외한 모든 값은 실험 전에 결정되는 값이기 때문에, 메탄올 투과도 측정을 위해서는 고분자 전해질 막을 통해 넘어오는 메탄올의 농도를 일정 시간 간격으로 측정한 후 그래프로 나타내고, 그 그래프의 기울기만 알면 구할 수 있다.

본 장에서는 메탄올 용액의 농도와 굴절률 사이의 상관관계를 나타내는 검정곡선을 직접 그려 보고, 이를 이용하여 고분자 전해질의 메탄올 투과도 측정법을 익히고, 그 값이 얼마인지 확인해 본다.

3 실험기구 및 시약

- 다양한 농도의 CH_3OH 용액 (0.05 M, 0.1 M, 0.2 M, 0.5 M, 1.0 M, 2.0 M)
- 증류수
- 메탄올 투과도 측정 용기
- 고분자막 (5×5 cm)
- 굴절률 측정기(Refractive Index Detector)

| 그림 9-3 | 메탄올 투과도 측정용 용기

4 실험방법

(1) 메탄올 농도에 대한 검정곡선 만들기

① 서로 다른 농도(0.05 M, 0.1 M, 0.2 M, 0.5 M, 1.0 M, 2.0 M)의 메탄올 용액을 제조하여 용액의 굴절률을 측정한다.

② 그래프의 x축을 메탄올 농도로, y축을 용액의 굴절률로 하여, 측정한 결과값을 표시한 후, 최소자승법을 적용하거나 소프트웨어를 활용하여 검정 곡선을 가장 잘 나타내

는 일차함수를 구한다. 즉 아래 검정곡선식의 a와 b를 계산한다.

y(굴절률) = ax(농도) + b

③ 검정곡선식이 준비되었다면 측정된 굴절률부터 메탄올 용액의 농도를 구할 수 있다. 만약 실험의 정확도를 높이려면 검정곡선을 만들기 위해 필요한 데이터 개수를 늘이면 된다.

(2) 메탄올 투과도 측정 및 계산

① 고분자 전해질 막을 5×5 cm로 잘라 메탄올 투과도 측정 장치(유효투과면적 6.15 cm^2)에 장착한다.

② 메탄올 투과도 측정 장치의 양쪽 용기 중 한쪽에는 2 M 메탄올 용액을, 다른 한쪽에는 증류수를 채운 뒤 25 ℃로 고정된 항온조에 위치시킨다.

③ 일정 시간 간격으로 증류수가 채워진 쪽의 용액을 채취하여 굴절률을 측정한다.

④ 측정된 굴절률을 이용하여 메탄올의 농도를 계산한 후, 시간에 대한 메탄올 농도 변화 결과를 그래프로 나타내고, 그 그래프의 기울기를 구한다.

⑤ 메탄올 투과도를 계산하는 식을 이용하여 메탄올 투과도를 계산한다.

⑥ 고분자 전해질 막의 종류를 다르게 하여 동일한 실험을 반복해 봄으로서 전해질 종류에 따른 메탄올 투과도를 비교해 본다.

5 실험결과 및 계산

(1) 검정곡선 그리기

	굴절률					
	0.05 M	0.1 M	0.2 M	0.5 M	1.0 M	2.0 M
1회						
2회						
3회						
평균						

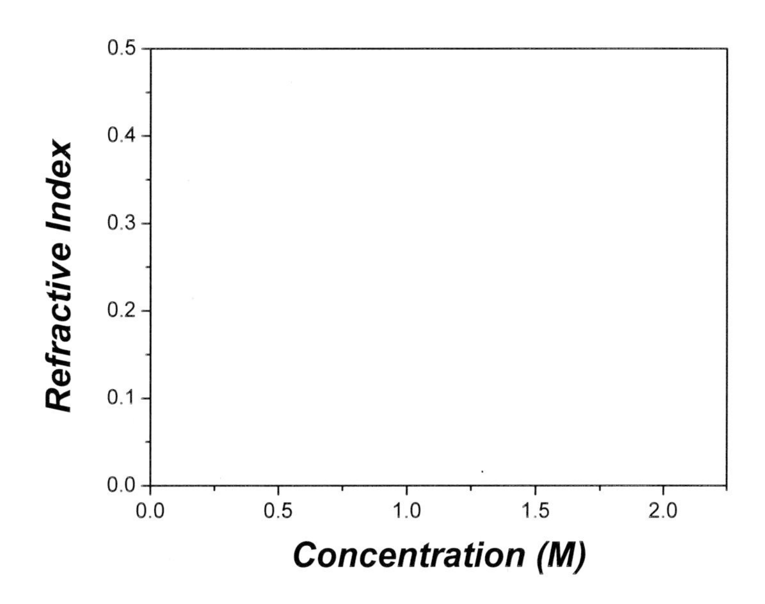

$$y(\text{굴절률}) = ax(\text{농도}) + b$$

$$a = \qquad , b =$$

(2) 메탄올 투과도 계산

$$메탄올\ 투과도\left(\frac{cm^2}{s}\right) = a \times \frac{V_R \times L}{A \times C_A} =$$

a =

V_R =

L =

A =

C_A =

	전해질 종류			
메탄올 투과도 [cm²/s]				

실험 보고서

실험 9. 고분자 전해질 막의 메탄올 투과도 측정

담당교수		조번호	
담당조교		학번	
공동실험자		실험일자	
학과		제출일자	

1. 실험목적

2. 실험원리

3. 실험기구 및 시약

4. 실험방법

5. 결과 및 계산

6. 결과 분석 및 토의

7. 참고문헌

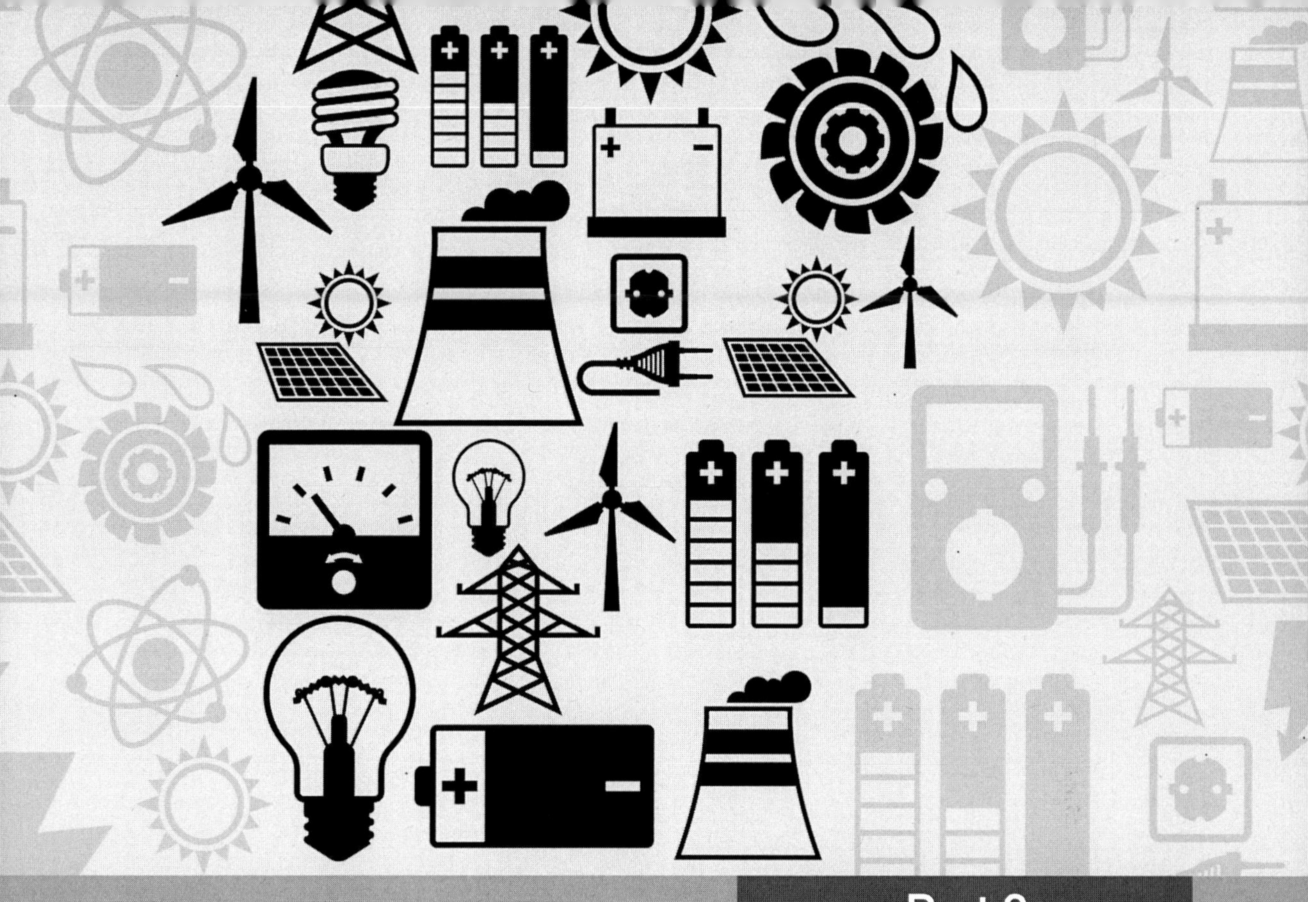

Part 3

연료전지 성능 평가

실험 10 : 고분자 전해질 연료전지의 성능 평가

1 실험목적

고분자 전해질 연료전지의 구성 요소 및 작동원리를 이해하고, 구성 요소들이 가지는 특징들이 연료전지 성능에 어떠한 영향을 미치는지 직접 확인해 본다.

2 개요

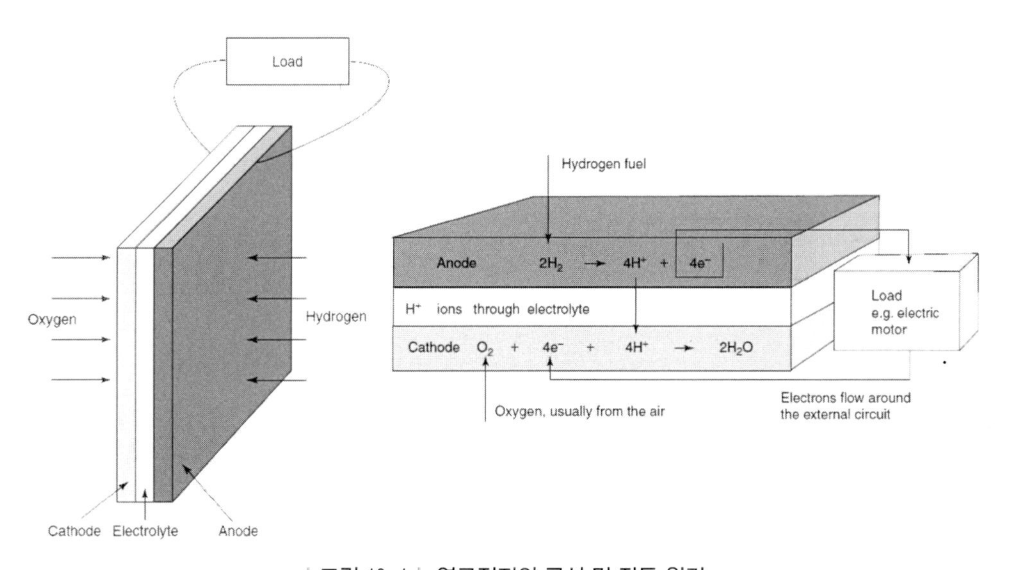

그림 10-1 연료전지의 구성 및 작동 원리

연료전지(Fuel Cell)는 연료의 화학에너지를 전기화학반응을 통해 직접 전기에너지로 변환하는 에너지변환장치이다. 전기를 만들어낸다는 측면에서 이차전지와 유사하다고 생각될 수 있지만, 이차전지의 경우 외부의 전기에너지를 저장(충전) 후 방출(방전)하는 에너지저장장치이므로, 연료전지는 이차전지와 확연히 구분될 수 있다. 하지만 구성 측면에서는 이차전지와 유사하게 2개의 전극, 애노드(anode)와 캐소드(cathode)가 전해질(electrolyte)에 의해 물리적으로 분리되어 있으며, 두 전극은 전자가 흐를 수 있는 외부회로로 연결되어 있다. 애노드에서 수소 산화반응이 발생하고, 두 전극의 전하 균형을 맞추기 위해 애노드에서 생산된 수소이온은 전해질을 통해, 전자는 외부회로를 통해 캐소드로 이동하여 캐소드에서 산소 환원반응이 진행되면 연료전지가 발전을 하게 되는 것이다. 즉, 연료전지는 연료인 수소와 산소만 공급되면 지속적으로 전기를 생산할 수 있다.

연료전지는 오랜 기간 동안 풀지 못한 고질적인 문제점을 가지고 있는데, 하나는 느린 전극 반응 속도이며, 나머지 하나는 기체 연료인 수소의 취급 및 저장에 관한 것이다. 이러한 문제점을 해결하기 위해 다양한 종류의 연료전지가 개발되었고, 연료전지의 명명과 분류를 사용되는 전해질에 따라 달라지게 되었다. 물론 전해질 외에도 전극 반응이나 작동 온도 등 다른 부차적인 것들도 달라지게 되었다. 아래 [그림 10-2]는 연료전지의 종류에 따른 이름과 특징을 간단하게 나타내었다.

종류	전해질	작동 온도[℃]	애노드(산화극) 반응	캐소드(환원극) 반응
알칼리 연료전지 (AFC)	KOH 수용액	60 ~ 90	$H_2+2OH^- \rightarrow 2H_2O+2e^-$	$1/2O_2+H_2O+2e^- \rightarrow 2OH^-$
고분자 전해질 연료전지 (PEMFC)	고체 고분자 (Nafion)	70 ~ 90	$H_2 \rightarrow 2H^+ + 2e^-$	$1/2O_2+2H^++2e^- \rightarrow 2H_2O$
직접 메탄올 연료전지 (DMFC)	고체 고분자 (Nafion)	60 ~ 120	$CH_3OH+H_2O \rightarrow CO_2+6H^++6e^-$	$3/2O_2+6H^++6e^- \rightarrow 3H_2O$
인산형 연료전지 (PAFC)	인산 (H_3PO_4)	~ 220	$H_2 \rightarrow 2H^+ + 2e^-$	$1/2O_2+2H^++2e^- \rightarrow 2H_2O$
용융탄산염 연료전지 (MCFC)	용융탄산염 ($Li_2CO_3+K_2CO_3$)	~ 650	$H_2+CO_3^{2-} \rightarrow H_2O+CO_2+2e^-$	$1/2O_2+CO_2+2e^- \rightarrow CO_3^{2-}$
고체 산화물 연료전지 (SOFC)	세라믹 (ZrO_2/Y_2O_3)	~ 1000	$H_2+O^{2-} \rightarrow H_2O+2e^-$	$1/2O_2+2e^- \rightarrow O^{2-}$

| 그림 10-2 | 연료전지의 종류

연료전지는 사용하는 전해질에 따라 종류가 나뉘어지지만, 사용된 전해질의 이온 전도성이 극대화 되는 온도가 서로 다르기 때문에 연료전지의 작동 온도 또한 달라지게 된다. 그림에서 알 수 있듯이 가장 낮은 온도에서 작동하는 고분자 전해질 연료전지(Polymer Electrolyte Membrane Fuel Cell, PEMFC)의 경우 80 ℃ 정도이며, 고온에서 작동하는 고체 산화물 연료전지(Solid Oxide Fuel Cell)의 경우 1,000 ℃의 고온에서 작동한다. 또 하나 특이한 점은 직접 메탄올 연료전지(Direct Methanol Fuel Cell)이다. 다른 모든 연료전지는 전해질에 맞춰 이름이 결정되었지만, 직접 메탄올 연료전지의 경우 사용된 연료에 맞춰 이름이 결정되었다. 직접 메탄올 연료전지는 고분자 전해질 연료전지와 동일한 전해질을 사용하지만 기체인 수소를 연료로 사용하기 때문에 발생하는 문제점을 해결하기 위해 액체 메탄올을 사용하면서부터 개발되었다.

고분자 전해질 연료전지(PEMFC)는 연료전지 중 가장 구조와 반응이 가장 간단한 것으로, 전해질로 고체 고분자가 사용된다. 가장 대표적인 고분자 전해질은 듀폰(DuPont)사의 나피온(Nafion)인데, 화학적으로 매우 강하며 수화된 상태에서 높은 이온 전도도를 보인다. 따라서 연료전지 내에 항상 물이 존재해야 하므로 PEMFC는 100 ℃ 이하에서 작동되어야 한다. 반면, PEMFC가 100 ℃ 이하의 낮은 온도에서 작동되기 때문에 전극의 반응 속도가 느리다는 단점이 있다. 이를 해결하기 위해 고가의 백금(Platinum)을 촉매로 사용하고 있지만, 사용되는 백금의 양을 최소화하는 기술들이 현재까지 많이 개발되고 있다.

[그림 10-3]은 전형적인 PEMFC의 전류-전압 곡선(I-V curve)을 나타낸 것이다. 그림에서 알 수 있듯이 PEMFC에서 이론적으로 얻을 수 있는 전압(무손실전압)은 1.23 V이다. 하지만 개방회로전압(Open Circuit Voltage, OCV, 전류가 0인 상태에서의 전압)은 이론적으로 얻을 수 있는 전압보다 낮으며, 전류가 증가함에 따라 전압이 급격히 감소한다. 왜냐하면 소량의 수소 연료가 전해질을 통과해 발생하는 연료교차로 인한 내부 전류(internal current)와 애노드와 캐소드에서 느린 전극 반응 속도(activation loss) 때문이다. PEMFC의 경우 수소의 산화반응보다는 산소의 환원반응이 훨씬 더 늦게 진행되므로 이 영역에 큰 영향을 미치게 된다. 만약 더 좋은 촉매가 개발된다면 이 영역에서 그래프의 기울기가 더 완만해지게 된다. 전압이 급격하게 감소하는 이 영역을 지나게 되면 전압의 감소가 완만해지며 기울기가 선형적으로 감소하게 된다. 이것은 저항 손실(ohmic loss) 때문인데, 전해질을 통과하는 이온의 흐름에 대한 저항 때문에 발생하지만, 전극 또는 각종 연결부를 통과하는 전자의 흐름에 대한 저항 때문에 발생하기도 한다. 전류가 더 커지게 되면 전압은 다시 급격하게 감소하기 시작하는데 이 영역을 물질 수송 손실(mass transfer loss)라고 하는데, 반응에 의해 연료가 빨리 소비됨으로 인해 필요한 양만큼의 연료가 충분히 공급되지 않기 때문에 발생한다. 동일한 전압에서 더 많은 전류를 발생하는 PEMFC가 성능이 우수한 것이므로, 서로 다른 PEMFC를 비교했을 경우 전압-전류 곡선이 위쪽에 놓여 있을수록 성능이 우수한 것임을 알 수 있다.

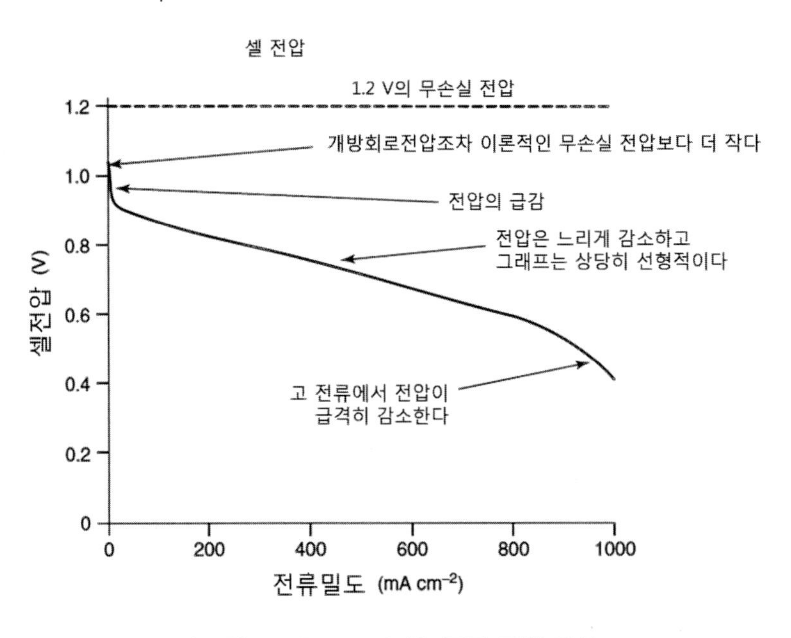

| 그림 10-3 | PEMFC 성능(전류-전압) 곡선

따라서 본 장에서는 전극 촉매와 전해질을 이용해 직접 막-전극 접합체(MEA) 제조 및 PEMFC를 구성해 보고, PEMFC의 초기 성능 및 장기 성능을 테스트해 봄으로서 PEMFC의 구동 원리를 알아보도록 한다.

3 실험기구 및 시약

- PEMFC 단위전지 (반응면적 5 cm^2)
- 고분자 전해질 막 (Nafion 212 또는 Nafion 1135)
- 상용 애노드 및 캐소드 전극(기체 확산층 포함)
- 가스킷
- 토크렌치
- 수소가스, 산소가스, 질소가스
- 연료전지 평가장치(test station)

| 그림 10-4 | 탄소 종이 위에 0.3 mg/cm^2 Pt/C 코팅된 상용 전극
(왼쪽: 전면, 오른쪽 후면)

4 실험방법

(1) 단위전지 체결

① 황산 처리된 고분자 전해질 막(Nafion 1135)을 일정한 크기(예, 7×7 cm) 로 잘라 준비하고, 애노드 및 캐소드 전극도 일정한 크기(예, 5×5 cm)로 잘라 준비한다.

② 단위전지 체결을 위해서 아래쪽에서부터 위쪽으로 전류집전체-분리판-가스킷-캐소드전극-고분자 전해질막-애노드 전극-가스킷-분리판-전류집전체 순으로 적층한다.

③ 분리판에 형성된 구멍에 볼트와 너트를 넣고 손으로 1차 체결한 후 토크렌치를 사용하여 모든 부분에 50 kg_f의 체결압이 가해지도록 단위전지의 체결을 마무리 한다.

④ 단위전지 체결 시 애노드와 캐소드가 혼동되지 않도록 방향을 잘 표시해 둔다.

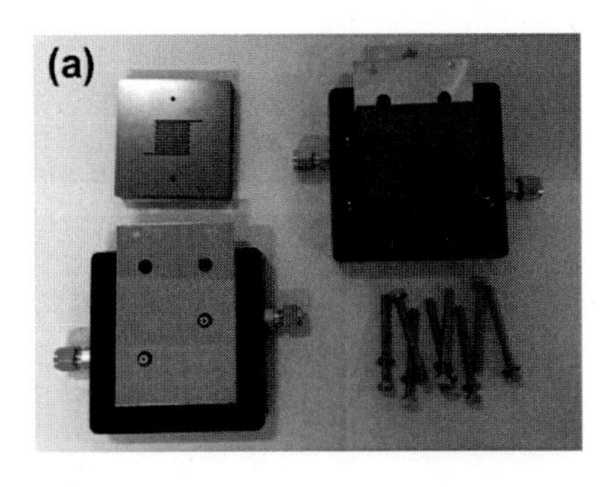

| 그림 10-5 | PEMFC 단위전지 체결 전(a)과 체결 후(b)

(2) 단위전지 운전 준비

① 조립된 단위전지를 연료전지 평가 장치에 연결한다.

② 평가 장치에서부터 나오는 수소의 입구와 출구, 공기의 입구와 출구를 단위전지에 연결하고, 단위전지 온도 조절에 필요한 가열봉(cell heater)과 온도센서(thermocouple)를 연결한다.

③ 단위전지의 전압과 전류의 측정에 필요한 케이블을 연결한다

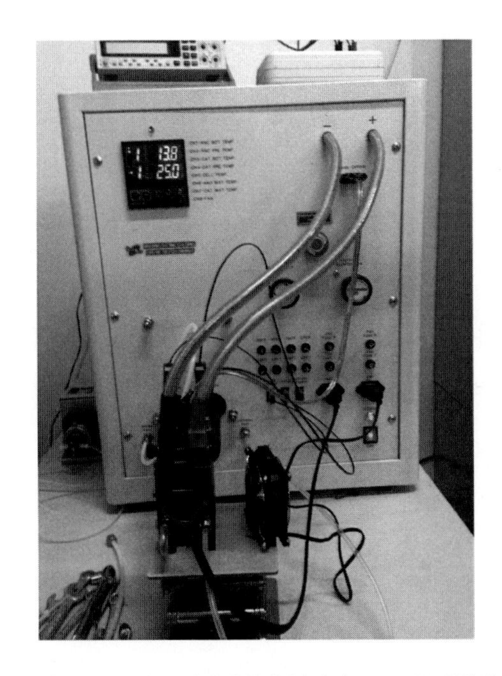

| 그림 10-6 | 성능 평가장치에 연결된 PEMFC 단위전지

(3) 단위전지 안정화

① 연료전지 평가장치 전원을 켜고 장비 운영 프로그램을 작동시킨 후 작동조건 및 작동 변수를 제어한다.

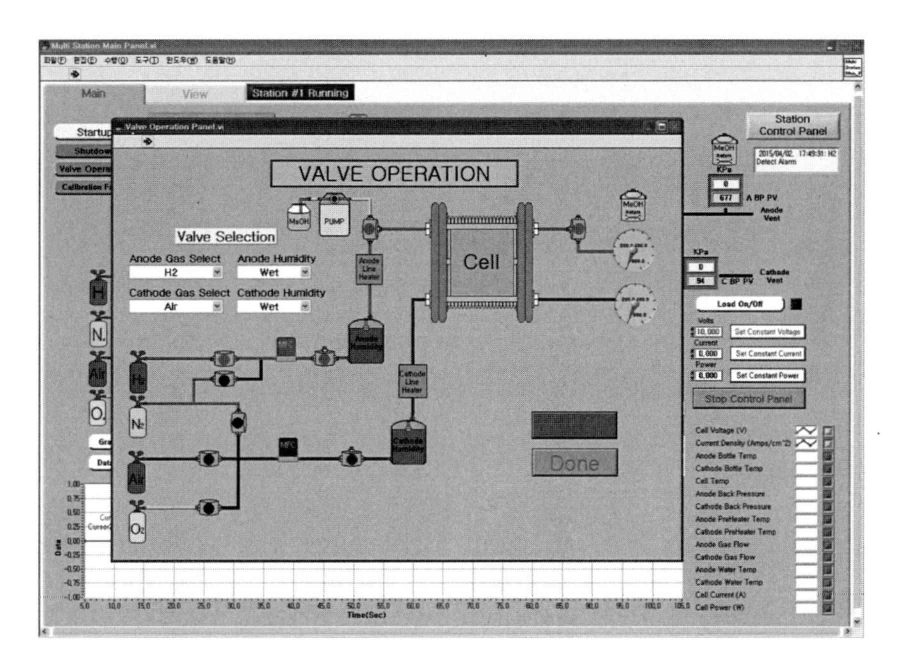

| 그림 10-7 | PEMFC 단위전지에 공급되는 연료 제어 프로그램 예시

② 애노드와 캐소드에 가습된 수소와 산소를 일정량 공급한 후 개방회로전압(open circuit voltage, OCV)이 제대로 측정이 되는지 확인한다(최소 0.9 V 이상)

③ 개방회로전압이 안정화되면 단위전지의 전압을 0.6 V 설정한 후 전류가 제대로 발생하는지 확인한다. 단위전지를 개방회로전압 상태로 오랜 시간 방치할 경우 캐소드 촉매의 산화로 인해 단위전지의 성능이 감소하는 등 단위전지의 상태가 최적화 된 것이 아니므로, 준비 및 대기 단계에서는 단위전지의 전압을 0.6 V로 설정하는 것이 좋다.

④ 정상적으로 전류가 발생되는지 확인이 되면, 수소와 공기의 가습기 온도, 단위전지의 온도를 희망하는 값으로 설정한 후, 온도가 안정화될 때까지 기다린다. 이 때 온도변화에 따라 단위전지에서 발생하는 전류 역시 변하기 때문에 온도 안정화 후 전류값이 안정화 될 때까지 기다린다.

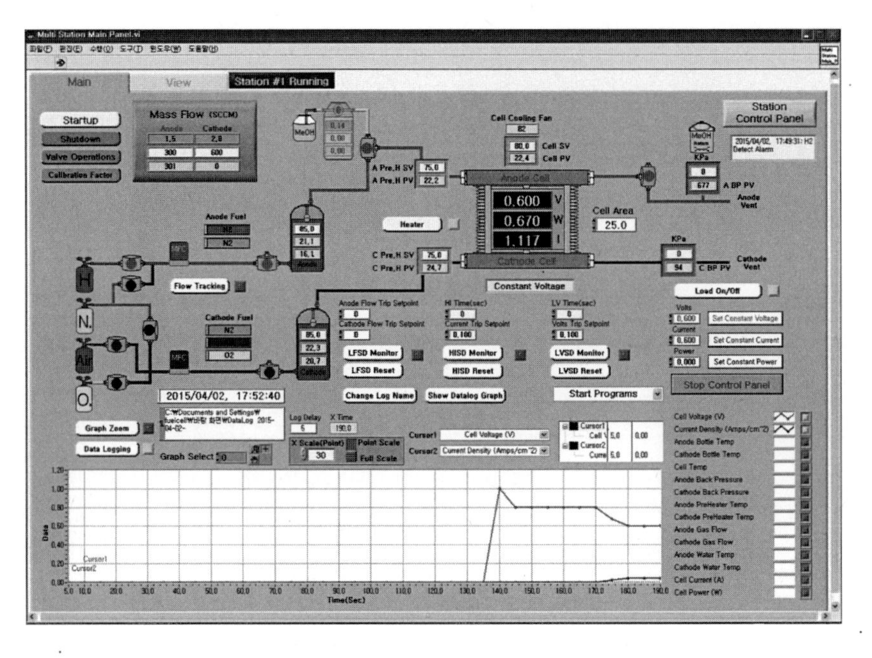

| 그림 10-8 | PEMFC 단위전지 운전 조건 제어 프로그램 예시

⑤ 더 이상 전류값이 변하지 않는다면 단위전지 활성화가 완료된 것이므로 단위전지 성능 테스트 실험을 실시한다.

(3) 단위전지 성능 평가

① 단위전지의 운전 조건이 모두 안정되면 단위전지 성능 평가를 시작한다.

② 단위전지의 성능 평가 방법은 정전압 측정 모드와 정전류 측정 모드로 구분될 수 있으나 본 실험에서는 정전압 측정 모드에 대해서 안내한다.

③ 정전압 측정 모드의 경우 단위전지의 전압을 개방회로전압에서부터 낮은 전압으로 점차 변화시키며 전류값을 측정한다. 일반적으로 일정한 전압을 25초 유지하는 동안 발생하는 전류의 평균값을 기록하도록 설정한다.

④ [그림 10-9]의 조건대로 성능 테스트가 시작된다면, 단위전지는 개방회로전압에서 25초 동안 발생하는 전류를 측정한 뒤, 0.95 V, 0.90 V, 0.85 V와 같이 0.05 V 간격으로 전압을 감소한 후 30초 동안 발생한 전류의 평균값을 측정한다. 측정은 전압이 0.5 V까지 감소한 후, 역순으로 다시 1.0 V까지 증가하면서 측정을 해야만 1회 성능 테스트가 끝나는 것이다.

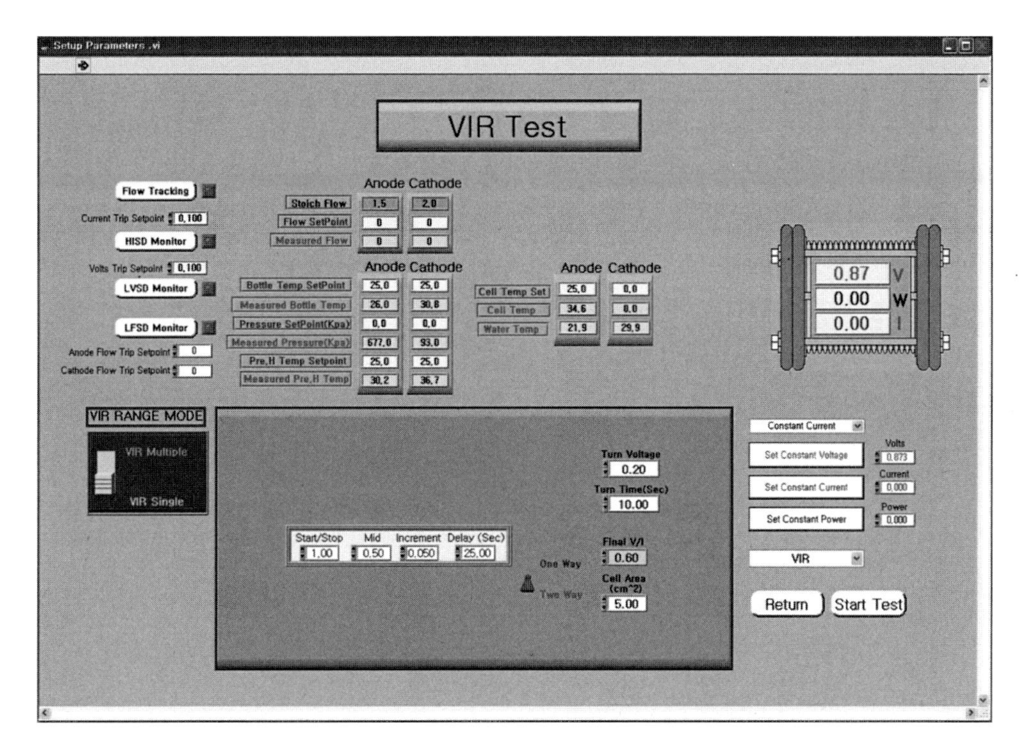

| 그림 10-9 | PEMFC 단위전지 성능 평가 프로그램 예시

⑤ 성능 테스트가 종료되면 단위전지 전압을 0.6 V로 설정한다.

⑥ 위와 같은 방법으로 2-3회 반복하여 성능 테스트를 반복하여 성능의 변화를 살펴 본다.

(4) 단위전지 장기 성능 테스트

① 연료전지의 성능이 얼마나 오래 동안 유지되느냐를 비교해 보기 위해 장기 성능 테스트를 실시한다.

② 장기 성능 테스트 1: 연료전지를 구성하는 여러 가지 요소들 중에 촉매 또는 전극의 안전성을 평가하기 위한 방법으로, 정전류 작동 모드로 일정 시간(최소 1시간 이상) 유치한 채 전압의 변화를 측정한다. 이 때 사용하는 전류를 1,000 mA/cm^{2}로 하는 것이 적당하지만, 발생하는 전압이 0.75 V 내외가 되도록 전류를 선택하는 것이 좋다. 장기 성능 테스트 후 단위전지 성능 테스트를 반복하여, 장기 성능 테스트 전후 PEMFC 성능 변화를 비교해 본다.

③ 장기 성능 테스트 2: 연료전지를 구성하는 여러 가지 요소들 중 고분자전해질 막의 안정성을 평가하기 위해서, 개방회로전압 상태에서 일정 시간 동안 개방회로전압의 변화값을 기록한다. 장기 성능 테스트 후 단위전지 성능 테스트를 반복하여, 장기 성능 테스트 전후 PEMFC 성능 변화를 비교해 본다.

5 실험결과 및 계산

(1) 단위전지의 성능 테스트 결과 정리 및 분극 곡선(I-V curve) 그리기

전압 (V)	전류밀도 (mA/cm²)			전력밀도 (mW/cm²)
	Down	Up	평균	
1.00				
0.95				
0.90				
0.85				
0.80				
0.75				
0.70				
0.65				
0.60				
0.55				
0.50				

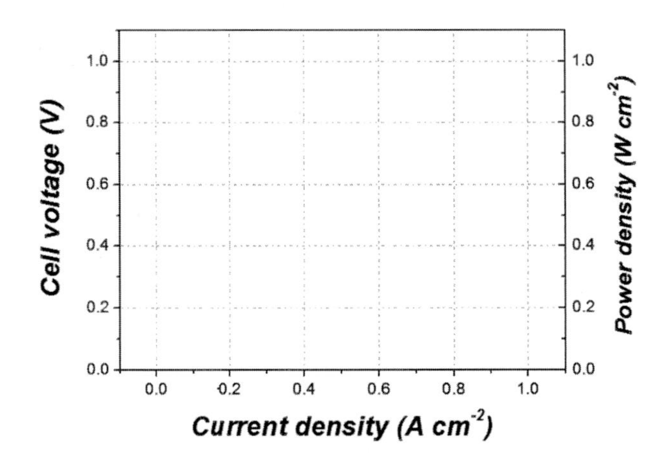

(2) 단위전지의 장기 성능 테스트 1의 결과

① 장기 성능 테스트 1의 결과

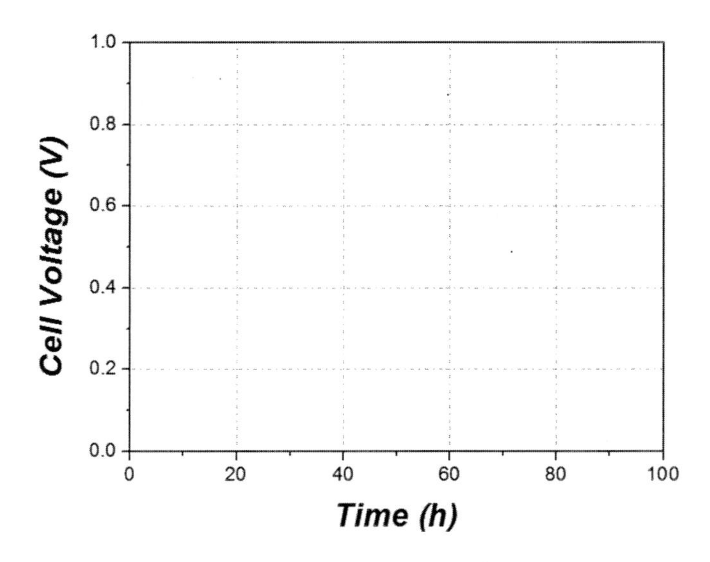

② 장기 성능 테스트 전후 I-V 곡선 비교

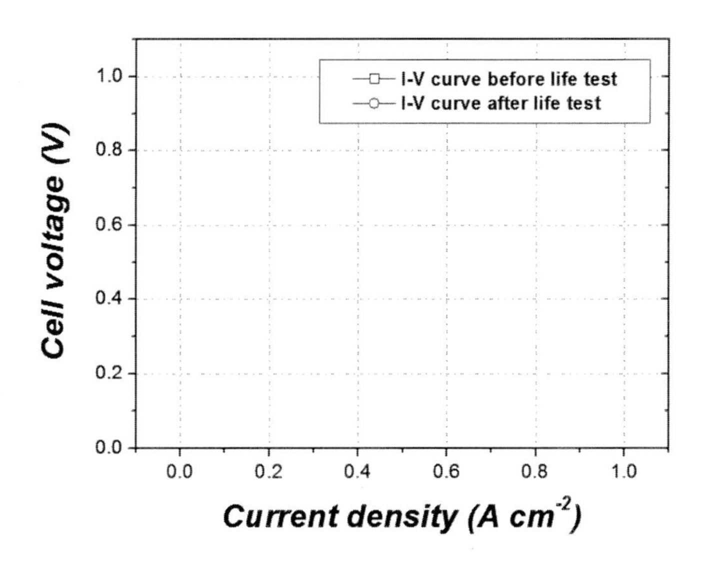

⑶ 단위전지의 장기 성능 테스트 2의 결과

① 장기 성능 테스트 2의 결과

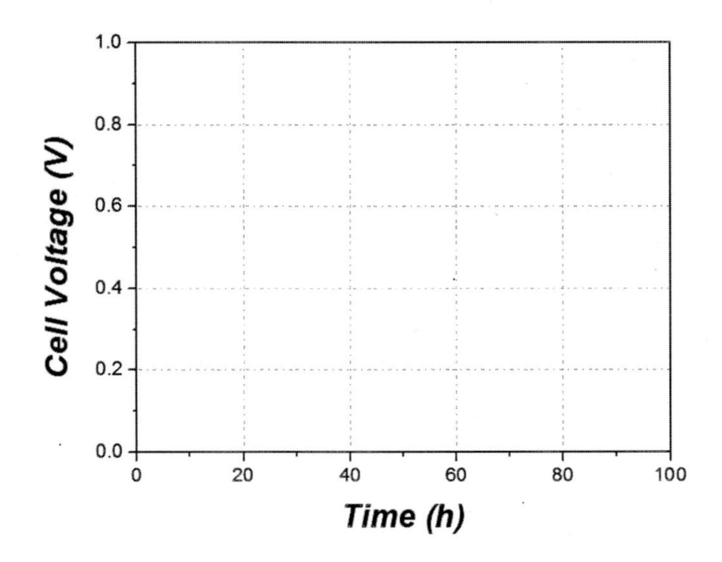

② 장기 성능 테스트 전후 I-V 곡선 비교

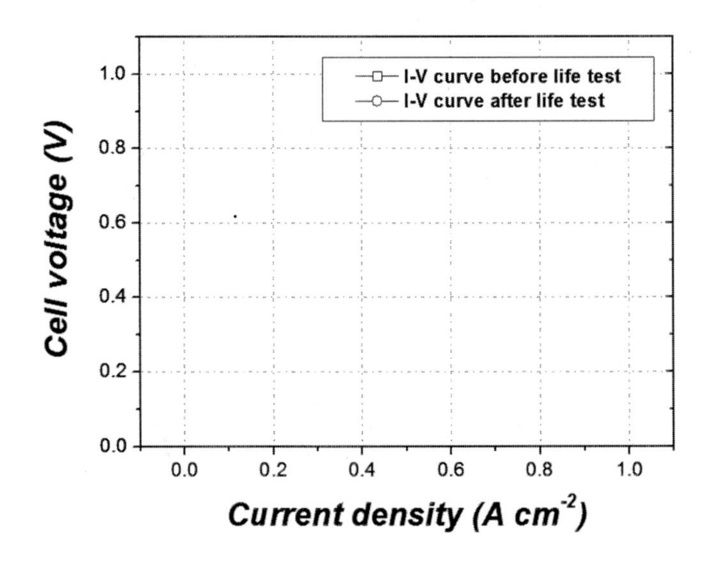

실험 보고서

실험 10. 고분자 전해질 연료전지의 성능 평가

담당교수		조번호	
담당조교		학번	
공동실험자		실험일자	
학과		제출일자	

1. 실험목적

2. 실험원리

3. 실험기구 및 시약

4. 실험방법

5. 결과 및 계산

6. 결과 분석 및 토의

7. 참고문헌

실험 11 : 직접 메탄올 연료전지의 성능 평가

1 실험목적

직접 메탄올 연료전지(DMFC) 구성요소 및 작동원리를 이해하고, 메탄올 농도에 따른 성능 차이를 확인해 본다.

2 개요

직접 메탄올 연료전지(Direct Methanol Fuel Cell, DMFC)는 앞서 배운 고분자 전해질 연료전지(PEMFC)와 동일하게 고체 고분자 전해질을 사용하지만 애노드 연료로 수소 대신 액체 메탄올을 사용하는 것이 가장 큰 특징이다. 연료전지의 이름에서 알 수 있듯이 메탄올은 연료전지에서 직접 산화되는 연료로 사용되는데, 연료가 값싸고 폭넓게 이용 가능하며, 액체이기 때문에 쉽게 저장되거나 운반될 수 있다는 장점이 있다.

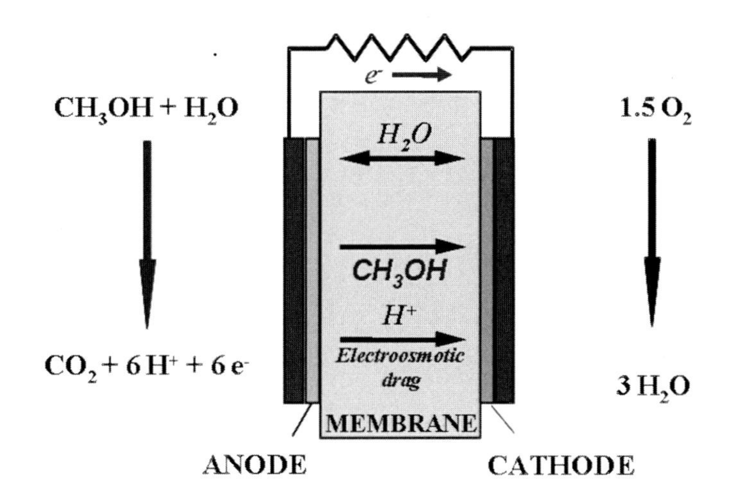

| 그림 11-1 | DMFC 모식도

Anode	$CH_3OH + H_2O$	$\rightarrow$	$CO_2 + 6H^+ + 6e^-$	$E_{anode} = 0.05$ V
Cathode	$3/2\ O_2 + 6H^+ + 6e^-$	$\rightarrow$	$3H_2O$	$E_{cathode} = 1.23$ V
Cell reaction	$CH_3OH + 3/2\ O_2$	$\rightarrow$	$CO_2 + 3H_2O$	$E_{cell} = 1.18$ V

| 그림 11-2 | DMFC 전극 반응 및 전체 반응식

메탄올은 애노드에서 물과 반응하여 6개의 전자와 수소이온을 발생한다. 애노드에서 생산된 수소이온은 고분자 전해질(Nafion)을 통해 캐소드로 이동하며, 캐소드에서는 연료로 공급된 산소(공기)가 수소이온과 전자와 반응하며 물을 생성한다. 이러한 두 반응을 통해 애노드에서 발생한 전자가 외부 회로를 통해 캐소드로 이동하게 되고 이로서 전기가 만들어지게 된다.

PEMFC의 경우 열역학적으로 얻을 수 있는 최대 전압이 1.23 V인 반면, DMFC는 1.18 V임을 알 수 있다. 하지만 실제 DMFC 운전 중에는 이보다 낮은 전압을 보이는데 이에 대한 몇 가지 이유가 있다. 우선 애노드 연료로 사용되는 메탄올의 산화반응이 여러 단계로 거쳐 진행되기 때문에 반응이 상대적으로 느리다. 특히 메탄올 산화반응의 중간체로 발생한 일산화탄소가 빨리 이산화탄소로 완전 산화되어야 한다. 일산화탄소가 흡착된 촉매 표

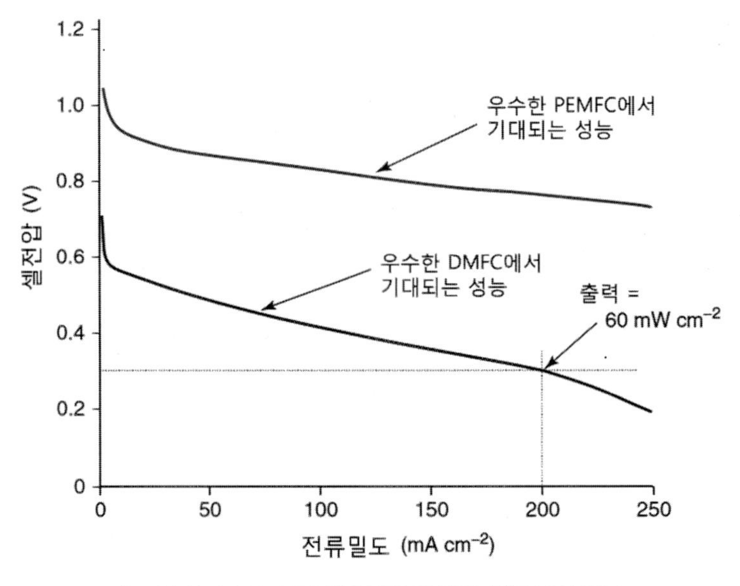

| 그림 11-3 | PEMFC와 DMFC의 전압-전류 곡선 비교

면은 더 이상 메탄올 산화반응에 대한 반응자리를 제공하지 못하기 때문이다. 물론 PEMFC와 마찬가지로 산소 환원반응의 느린 속도도 전압 감소의 요인이 된다. 뿐만 아니라 애노드와 캐소드를 물리적으로 분리시키기 위해 사용된 고분자 전해질을 통해 메탄올이 애노드에서 캐소드로 넘어가는 메탄올 크로스오버(crossover) 현상은 전압을 감소하는 것은 물론 연료의 손실을 야기하여 전체적인 DMFC의 효율을 낮추기도 한다.

[그림 11-3]은 PEMFC와 비교한 DMFC의 전압-전류 곡선을 나타낸 것이다. 전체적인 형태는 유사해 보이지만, 가장 큰 차이점은 개방회로전압과 초기 전압 감소의 기울기가 다르다는 것이다. PEMFC의 경우 산소 환원반응이 전체 반응속도를 늦추는데 기여하고 있지만, DMFC의 경우 메탄올 산화반응 역시 반응 속도가 느리기 때문에 PEMFC에 비해 활성화 손실이 매우 크게 나타난다. 또한 애노드에서 산화되어야 할 메탄올이 고분자 전해질을 통해 캐소드로 넘어오는 메탄올 크로스오버 양 역시 수소일 때보다 훨씬 더 크기 때문에 전압의 감소가 더 크게 나타난다.

따라서 본 장에서는 앞선 PEMFC와 비교하여 DMFC의 전압-전류 곡선이 어떻게 달라지는지 직접 실험해 봄으로서 그 차이점을 익히고, 또한 메탄올 용액의 농도에 따른 성능 변화도 관찰해 보도록 한다.

3 실험기구 및 시약

- DMFC 단위전지 (반응면적 5 cm^2)
- 고분자 전해질 막 (Nafion 115)
- 백금 촉매, 백금/루테늄 촉매
- 발수 처리된 탄소천 (가스확산층)
- 5 wt% Nafion 용액
- 메탄올 용액 (0.5 M, 1.0 M, 2.0 M 등)
- 수소 가스, 공기 가스
- 연료전지 평가 장치
- 초음파분쇄기

4 실험방법

(1) 막-전극 접합체 제조 (전해질 직접 코팅 방식)

① 애노드 및 캐소드 상용 촉매와 상용 전해질을 이용하여 막-전극 접합체를 제조하되, 촉매층을 전해질 표면에 직접 코팅하는 방법(catalyst coated membrane, CCM 방식)을 기준으로 실험을 진행한다.

② 백금(캐소드) 또는 백금/루테늄(애노드) 촉매 일정량을 5 wt% Nafion 용액과 적당량의 물과 혼합한 후 90초 동안 초음파 처리함으로써 균일한 촉매 잉크를 각각 제조한다.

③ 온도 75 ℃로 설정된 진공 히팅 테이블에 Nafion 115를 장착하여 물기를 완전히 제거한 후 제조하고자 하는 전극 면적만큼만 Nafion 115가 외부에 노출되도록 테이프를 바른다. 노출된 면적에만 미리 준비한 애노드 촉매인 백금/루테늄 잉크를 브러시 페인팅법(brush painting)을 통해 바른다.

④ 애노드 촉매가 완전히 건조되면, 한쪽 면만 애노드 촉매가 코팅된 Nafion 115를 뒤집어 진공 히팅 테이블에 장착한 후 동일한 면적에 캐소드 촉매 잉크를 브러시 페인팅법을 통해 바른다. 캐소드 촉매의 건조가 종료되면, 진공 히팅 테이블의 온도를 상온으로 내림으로 막-전극 접합체 제조는 완성된다.

| 그림 11-4 | 제조된 막-전극 접합체(MEA) 사진

(2) 단위전지 체결

① DMFC 단위전지 체결은 PEMFC 단위전지 체결과 동일하게, 아래쪽에서부터 위쪽으로 전류집전체-분리판-가스킷-탄소천(기체확산층)-막-전극 접합체-탄소천(기체확산

층)-가스킷-분리판-전류집전체 순으로 적층한다.

② 분리판에 형성된 구멍에 볼트와 너트를 넣고 손으로 1차 체결한 후 토크렌치를 사용하여 모든 부분에 50 kg_f의 체결압이 가해지도록 단위전지의 체결을 마무리 한다.

③ 단위전지 체결 시 애노드와 캐소드가 혼동되지 않도록 방향을 잘 표시해 둔다.

(3) DMFC 단위전지 운전 준비

① DMFC 단위전지의 성능 평가는 동일한 단위전지를 PEMFC로 먼저 적용하여 성능 평가를 실시한 후 적용하는 것이 좋다. 따라서 앞 장에 기술한 것처럼 PEMFC 단위전지 체결, 안정화, 성능 평가 순에 따라 수행하여, 최적의 PEMFC 성능이 확인될 경우 DMFC 성능 평가를 시작한다.

② PEMFC 성능 평가 시 수소의 입구와 출구를 연결한 곳에 수소 대신 메탄올의 입구와 출구만 연결한다면 DMFC 단위전지 운전 준비는 끝이 난다.

③ 애노드에는 0.5 M 메탄올 수용액을 1 cc/min 속도로, 캐소드에는 가습된 공기를 300 cc/min 속도로 공급한 후 개방회로전압(open circuit voltage, OCV)이 제대로 측정이 되는지 확인한다. DMFC의 경우 개방회로전압이 최소 0.6 V 이상 확인되어야 한다.

④ 개방회로전압이 안정화되면 단위전지의 전압을 0.5 V (또는 0.4 V) 설정한 후 전류가 제대로 발생하는지 확인한다. 단위전지를 개방회로전압 상태로 오랜 시간 방치할 경우 캐소드 촉매의 산화로 인해 단위전지의 성능이 감소하는 등 단위전지의 상태가 최적화 된 것이 아니므로, 준비 및 대기 단계에서는 단위전지의 전압을 0.5 V (또는 0.4 V)로 설정하는 것이 좋다.

(4) DMFC 단위전지 성능 테스트

① 단위전지의 성능 테스트 방법은 정전압 측정 모드와 정전류 측정 모드로 구분될 수 있으나 본 실험에서는 정전압 측정 모드에 대해서 안내한다.

② 정전압 측정 모드의 경우 단위전지의 전압을 개방회로전압에서부터 낮은 전압으로 변화시키며 전류값을 측정한다. 일반적으로 일정한 전압을 25초 유지하는 동안 발생하는 전류의 평균값을 기록하도록 설정한다.

③ 측정 조건에 따라 개방회로전압에서 30초 동안 발생하는 전류를 측정한 뒤, 0.80 V, 0.75 V, 0.70 V와 같이 0.05 V 간격으로 전압을 감소한 후 30초 동안 발생한 전류의 평균값을 측정한다. 측정은 전압이 0.2 V까지 감소한 후, 역순으로 다시 0.85 V (또는 개방회로전압)까지 증가하면서 측정을 해야만 1회 성능 테스트가 끝나는 것이다.

④ 성능 테스트가 종료되면 단위전지 전압이 0.5 V (또는 0.4 V)로 설정한다.

⑤ 위와 같은 방법으로 2-3회 반복하여 성능 테스트를 반복하여 성능의 변화를 살펴 본다.

⑥ DMFC의 경우 공급되는 메탄올의 농도에 따라 성능이 달라지므로, 0.5 M 메탄올 수용액 외에도 1.0 M과 2.0 M 메탄올 수용액을 이용하여 동일한 평가를 반복해 본다.

5 실험결과 및 계산

(1) 메탄올 농도에 따른 DMFC 성능 테스트 결과 정리

전압 (V)	전류밀도 (mA/cm^2)								
	0.5 M 메탄올			1.0 M 메탄올			2.0 M 메탄올		
	Down	Up	평균	Down	Up	평균	Down	Up	평균
0.80									
0.75									
0.70									
0.65									
0.60									
0.55									
0.50									
0.45									
0.40									
0.35									
0.30									
0.25									
0.20									

(2) 메탄올 농도에 따른 DMFC 성능 그래프

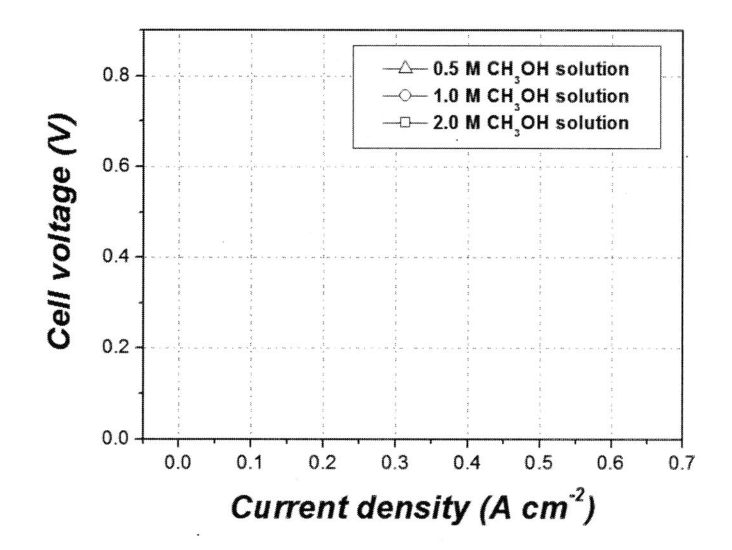

실험 보고서

실험 11. 직접 메탄올 연료전지의 성능 평가

담당교수		조번호	
담당조교		학번	
공동실험자		실험일자	
학과		제출일자	

1. 실험목적

2. 실험원리

3. 실험기구 및 시약

4. 실험방법

5. 결과 및 계산

6. 결과 분석 및 토의

7. 참고문헌

실험 12 : 직접 메탄올 연료전지의 메탄올 크로스오버 측정

1 실험목적

메탄올 크로스오버로 인한 DMFC 성능 감소를 확인해 보고, DMFC 단위전지 구성 후 메탄올 크로스오버를 측정하는 방법에 대해 이해한다.

2 개요

직접 메탄올 연료전지(DMFC)는 비교적 낮은 온도에서 작동되기 때문에 시동이 용이하고 액체 연료를 사용하기 때문에 연료의 저장과 운반이 간단할 뿐 아니라 높은 에너지밀도를 가지고 있기 때문에 소형 전자기기의 동력원으로 각광을 받고 있다. 특히, 에너지밀도가 높다는 DMFC의 장점을 활용하기 위해서는 고농도의 메탄올 연료를 사용해 소량의 메탄올만 주입하더라도 오랜 시간 동안 동작이 가능하도록 해야 한다. 하지만 현재 DMFC의 전해질로 사용되는 있는 고분자 전해질 막의 경우 메탄올 투과도가 높아 메탄올 크로스오버(crossover) 현상이 발생한다. 메탄올 크로스오버 현상은 애노드에서 산화되어야 할 메탄올이 고분자 전해질을 통해 캐소드로 넘어와 캐소드 촉매의 백금을 피독시켜, 산소 환원반응의 활성을 낮추기도 하지만 캐소드에서 메탄올의 산화반응이 일어나도록 해 혼합전위(mixed potential)을 발생시켜 DMFC의 전압뿐 아니라 전체적인 효율을 낮추게 된다.

DMFC의 장점인 높은 에너지밀도를 활용하기 위해서는 작은 부피의 고농도 메탄올을 사용해야 하지만 고농도의 메탄올을 사용할 경우 메탄올 크로스오버 현상이 더욱 심해져 DMFC 성능을 크게 감소시킨다. 아래 [그림 12-1]에서 볼 수 있듯이 DMFC의 성능은 메탄올의 농도가 2M까지 사용할 경우 점진적으로 증가하는 경향을 보이지만 5M 이상의 메탄올을 사용할 경우 낮은 농도의 메탄올을 사용한 경우 보다 더 낮은 DMFC 성능을 보이고 있다. 이를 해결하기 위해서는 크로스오버된 메탄올에도 전혀 반응하지 않는 캐소드 촉매를 개발하거나, 크로스오버되는 메탄올의 양을 획기적으로 줄일 수 있는 전해질을 개발하는 것이며, 현재 두 가지 측면에 대한 연구가 동시에 진행 중이다.

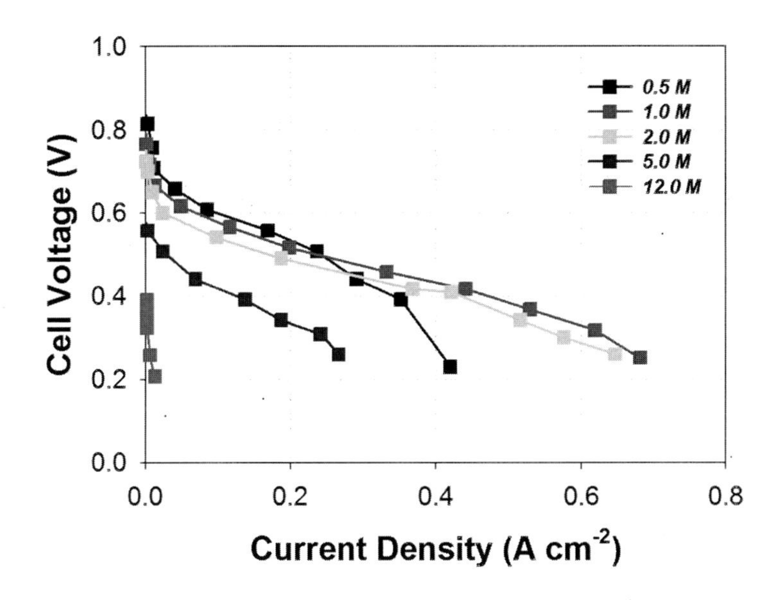

| 그림 12-1 | 메탄올 농도에 따른 DMFC 성능 비교

대부분의 메탄올 크로스오버의 측정은 서로 다른 농도의 용액이 담긴 두 저장 용기 사이에 전해질을 설치해 두고, 시간에 따라 전해질을 통해 넘어 온 메탄올의 양을 측정해 메탄올 투과도를 계산하여 비교하는 간접 방식을 이용해 왔다. 하지만 메탄올 투과도 측정은 연료전지 동작 중에 이루어지는 것이 아니라 전해질 막 자체로만 측정이 이루어지게 때문에 실제 크로스오버되는 메탄올의 양을 측정하는 것에 한계가 있고, 실제 연료전지 성능에 얼마나 영향을 미치는지도 알 수 없다. 따라서 연료전지가 조립된 상태에서 메탄올 크로스오버를 측정하는 방법을 살펴 보도록 한다.

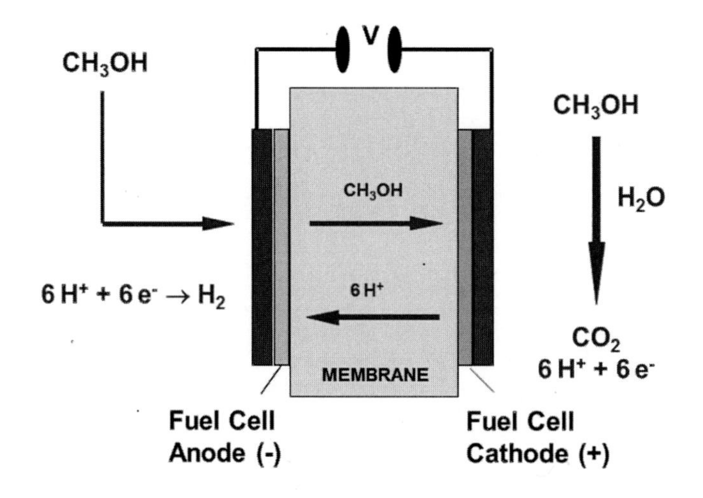

외부에서 운전되는 전지

| 그림 12-2 | DMFC의 메탄올 크로스오버 측정 방법에 대한 모식도

[그림 12-2]는 DMFC 성능 측정을 위해 조립된 상태에서 메탄올 크로스오버를 측정하는 방법에 대해 나타낸 그림이다. DMFC 운전을 위해서는 애노드에는 메탄올 용액을, 캐소드에는 산소(공기)를 공급해야 하지만, 크로스오버 측정을 위해서는 캐소드에 산소 대신 질소를 공급해야 한다. 이 상태가 되면 DMFC는 "외부에서 운전되는 전지"가 된다. 다시 말하면, 외부에서 전압을 공급하여 특정 반응을 유도하게 되는 것이다. 이 때 애노드는 기준 전극(reference electrode)가 되고, 캐소드는 작업 전극(working electrode)가 된다. 애노드를 좀 더 자세히 살펴 보면 공급된 메탄올에 의해 산화 발생이 발생하여 수소 이온과 전자가 발생하는데 이 때 발생한 수소 이온과 전자는 다시 수소 산화/환원반응에 이용될 수 있기 때문에 표준수소환원전극(normal hydrogen electrode, NHE) 역할을 수행하게 된다. 이에 반해 캐소드에는 애노드에서 크로스오버된 메탄올이 상당량 존재하게 되는데, 이 때 캐소드에 외부에서 전압을 공급하여 크로스오버된 메탄올을 강제로 산화시키게 되고 그로 인해 발생하는 산화 전류를 측정하여 비교해 봄으로서 메탄올 크로스오버 양을 직접 측정할 수 있게 되는 것이다. 즉, 캐소드로 크로스오버된 메탄올의 양이 많다면, 그 메탄올을 직접 산화시켜 발생한 전자를 측정하는 산화 전류는 당연히 큰 값을 보여야만 한다.

[그림 12-3]은 새롭게 제시된 방법대로, DMFC의 메탄올 크로스오버 양을 메탄올 농도를 달리하며 측정한 결과는 나타낸 것이다. 0.5M의 메탄올 용액을 애노드에 공급했을 때 캐소드로 넘어 온 메탄올에 전압을 가하게 되면, 통상적으로 메탄올 산화반응이 일어나는 전압에서 메탄올 산화반응이 발생하여 전류가 측정되기 시작하고, 가해지는 전압이 증가함에 따라 발생하는 전류도 함께 증가한 후, 일정한 수준에 도달하면 더 이상 증가하지 않음을 알 수 있다. 이것은 넘어 온 메탄올을 모두 산화시키기 때문에 더 이상 전류가 증가하지 않는다고 볼 수 있다. 메탄올 용액의 농도를 1M, 2M, 5M로 증가시키면 메탄올 농도에 비례하여 전류값이 커짐을 알 수 있는데, 이를 통해 크로스오버되는 메탄올의 양은 연료에 공급되는 메탄올 용액의 농도에 직접 영향을 받음을 알 수 있다. 또한 DMFC에 공급되는 메탄올의 농도가 증가함에 따라 성능이 감소하는 이유가 메탄올 크로스오버 때문이라는 것도 확인할 수 있다.

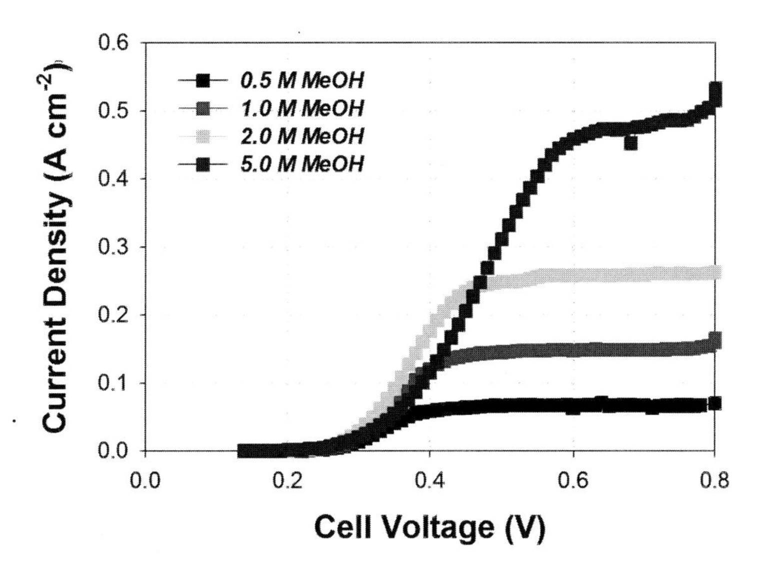

| 그림 12-3 | DMFC의 메탄올 크로스오버 측정 결과 예

본 장에서는 앞 서 제시한 방법대로 DMFC의 성능을 측정해 본 후, DMFC 상태에서 메탄올 크로스오버를 측정하는 방법에 대해 실험해 보고, 메탄올 농도에 따른 메탄올 크로스오버 양에 대한 정량적으로 평가해 본다.

3 실험기구 및 시약

- DMFC 단위셀 (반응면적 5 cm^2)
- 백금 촉매, 백금/루테늄(1:1) 촉매
- 5 wt% Nafion 용액
- 메탄올 용액(0.5 M, 1.0 M, 2.0 M 등)
- 공기 가스, 질소 가스, 수소 가스
- 연료전지 평가 장치
- 전기화학특성 평가 장치
- 고분자 전해질 막 (Nafion 115)
- 발수 처리된 탄소천 (가스확산층)

4 실험방법

(1) DMFC 단위전지 조립 및 평가

① 앞서 제시한 대로 DMFC 단위전지 조립을 위해 MEA를 제조한다

② MEA, 가스킷, 분리판 등을 이용하여 DMFC 단위전지를 조립한다.

③ PEMFC 성능 평가 순서에 따라 운전 조건을 설정하고, 성능 안정화 후 PEMFC 성능 평가를 실시한다.

④ 애노드에 수소 대신 0.5 M 메탄올을 공급하여 안정화 시킨 후, DMFC 성능 평가를 실시한다.

(2) DMFC 메탄올크로스오버의 측정

① 캐소드 연료로 산소(공기) 대신 가습된 질소를 공급한다.

② 연료전지 평가 장치가 아니라, 전기화학특성평가장치(potentiostat)를 연결하여 2상 전극 실험을 준비하되, 캐소드를 작업전극으로, 애노드를 기준전극으로 연결한다.

③ 크로스오버된 메탄올의 산화반응을 유도하기 위해 캐소드에 0.1 V 부터 0.8 V까지 전압을 10 mV/s의 속도로 가하며 발생하는 전류를 측정한다.

(3) 반복 실험

① 위의 실험을 0.5 M 외에도 1 M, 2 M, 5 M 메탄올 용액을 이용해 실험을 반복한다.

5 실험결과 및 계산

(1) 메탄올 농도에 따른 DMFC 성능 그래프

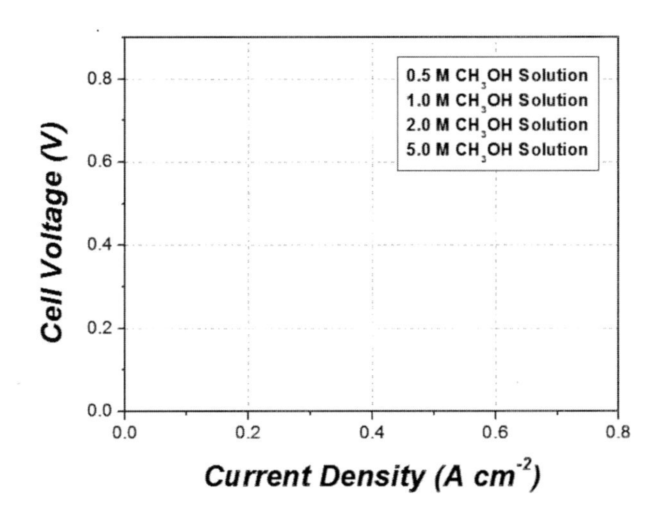

(2) 메탄올 농도에 따른 메탄올 크로스오버 측정 결과

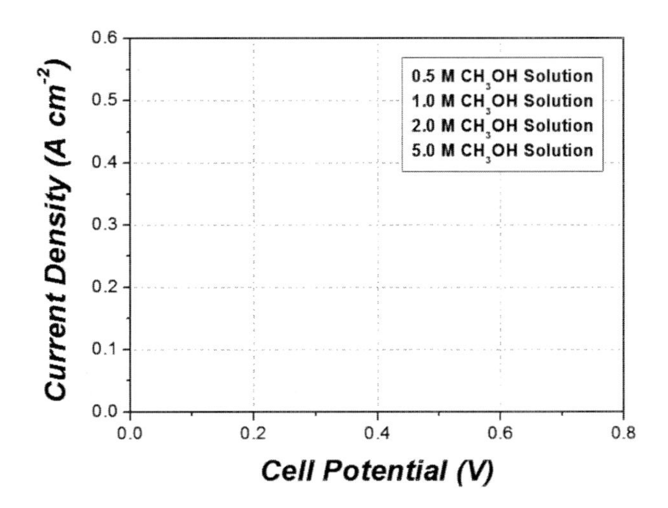

실험 보고서

실험 12. 직접 메탄올 연료전지의 메탄올 크로스오버 측정

담당교수		조번호	
담당조교		학번	
공동실험자		실험일자	
학과		제출일자	

1. 실험목적

2. 실험원리

3. 실험기구 및 시약

4. 실험방법

5. 결과 및 계산

6. 결과 분석 및 토의

7. 참고문헌

실험 13 : 직접 메탄올 연료전지의 일산화탄소 산화반응 측정

1 실험목적

백금과 백금/루테늄 촉매에 의한 일산화탄소 산화반응의 차이를 알고, 그 차이를 DMFC 성능 측정과 일산화탄소 벗김전류전압법 측정을 통해 확인해 본다.

2 개요

직접 메탄올 연료전지(DMFC)에서는 고분자 전해질 연료전지와 동일한 전해질을 사용하고 있지만, 기체인 수소 연료 대신 액체인 메탄올을 사용하는 것이 가장 두드러진 특징이다. 애노드에서의 반응이 수소 산화반응에서 메탄올 산화반응으로 변경되었기 때문에 이에 최적화된 촉매의 개발도 필요하다.

$$CH_3OH \rightarrow CO_{ads} + 4H^+ + 4e^- \quad (1)$$

$$H_2O \rightarrow OH_{ads} + H^+ + e^- \quad (2)$$

$$CO_{ads} + OH_{ads} \rightarrow CO_2 + H^+ + e^- \quad (3)$$

앞서 살펴본 것처럼 메탄올 산화반응을 위해 백금(Pt)만 촉매로 사용할 경우메탄올 산화반응의 중간체로 형성되는 일산화탄소(CO_{ads})가 형성되어 백금에 흡착되어 있는데 이를 제거하기 위해서는 물을 흡착하여 OH 흡착종(OH_{ads})을 형성한 후 함께 이산화탄소(CO_2)로 탈착이 되어야만 추가적인 메탄올 산화반응이 진행된다. 하지만 백금의 경우 물과 반응하여 OH 흡착종(OH_{ads})을 형성하는 능력이 떨어지게 때문에 백금 단독으로 촉매를 사용하는 것이 아니라 백금과 루테늄이 합금된 형태(Pt/Ru)로 사용될 때 메탄올 산화반응이 더 활발히 진행됨을 확인한 바 있다. 이에 대한 좀 더 구체적인 접근을 위해 일산화탄소 산화반응(CO oxidation)에 대해 살펴 볼 필요가 있다.

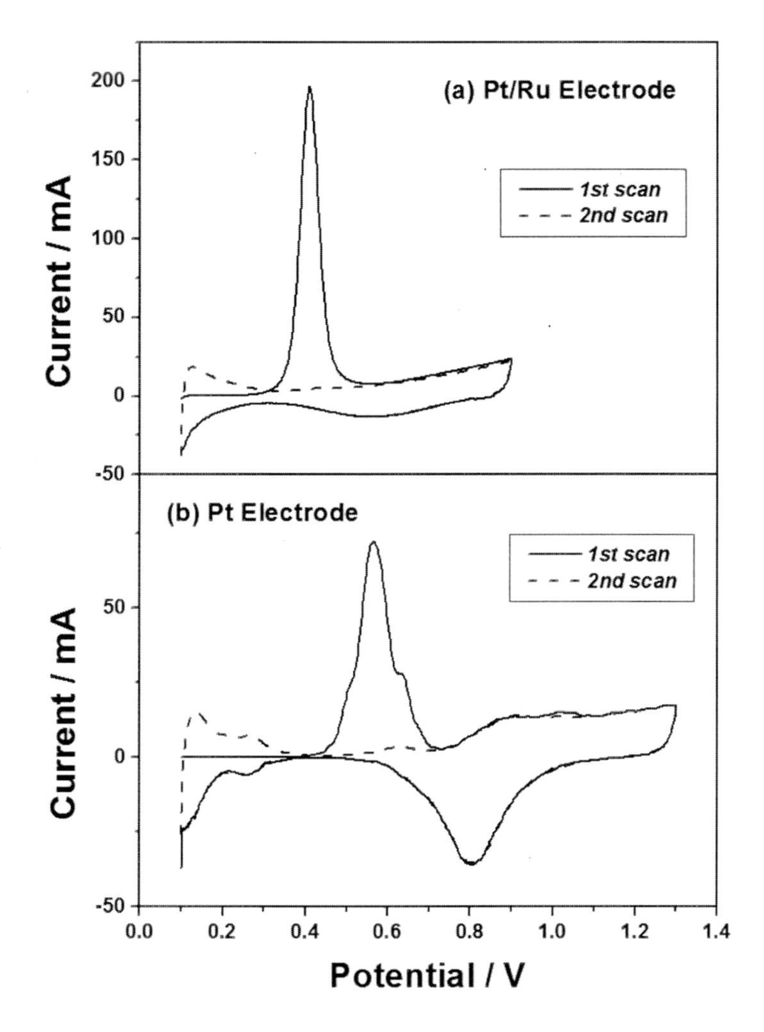

| 그림 13-1 | 백금/루테늄과 백금의 일산화탄소 산화반응 비교

촉매의 일산화탄소 산화반응 활성을 평가하기 위해서는 촉매 표면에 일산화탄소를 흡착시킨 후, 흡착된 일산화탄소를 이산화탄소로 산화시키기 위해 전압을 순차적으로 가하며 발생하는 전류를 측정해야 한다. 이러한 실험을 양극벗김전압전류법(anodic stripping voltammetry)이라고 한다.

[그림 13-1]은 DMFC를 구성하는 애노드 백금/루테늄 전극과 캐소드 백금 전극에 대한 일산화탄소 벗김전압전류법(CO stripping voltammetry) 결과를 나타낸 것이다. 우선, 백

금/루테늄 전극의 경우 0.3 V를 지나자마자 일산화탄소 산화에 의한 벗김 전류가 증가하기 시작했고 급격한 증가 후 0.4 V 근처에서 최대 벗김 전류가 발생하였다. 이에 반해 백금 전극에서는 0.4 V를 지나서야 벗김 전류가 증가하기 시작했으며, 0.6 V 근처에서 최대 벗김 전류가 측정되었고 0.7 V가 되어야만 벗김 전류가 더 이상 관찰되지 않았다. 즉, 백금/루테늄 전극은 일산화탄소 산화반응이 측정되는 전압이 상대적으로 좁은 영역으로 나타났지만, 백금 전극의 경우 넓은 전압 영역에 걸쳐 측정되었고, 최대 벗김 전류가 측정된 전압도 0.2 V 이상 차이가 난다. 따라서 앞서 두 촉매의 메탄올 산화반응 활성의 차이는 반응 중에 형성된 일산화탄소를 산화시키는 능력의 차이 때문이라는 것을 알 수 있다.

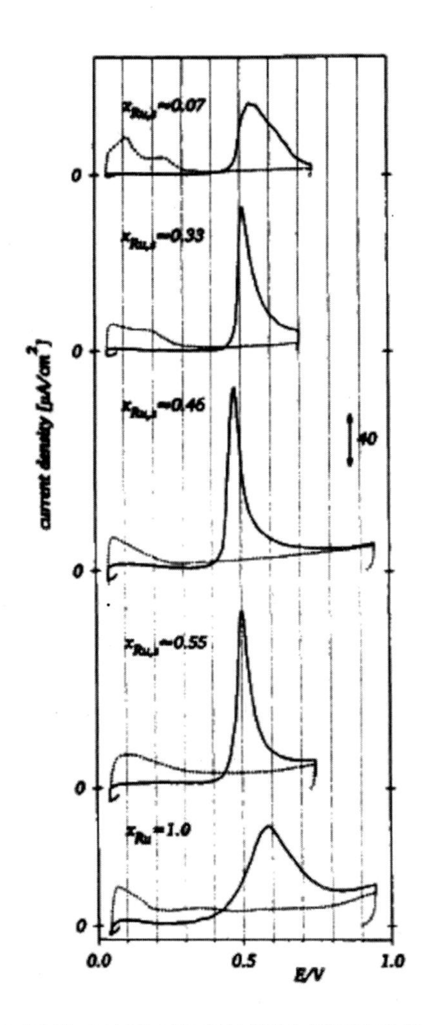

| 그림 13-2 | 루테늄 조성에 따른 일산화탄소 벗김전압전류법 측정 결과

순수한 백금 전극을 사용했지만 촉매 표면에 소량의 루테늄만 존재한다면 일산화탄소 벗김전압전류법 측정 결과가 달라진다고 알려져 있다. [그림 13-2]는 전극 표면에 백금과 루테늄의 조성을 다양하게 조절한 여러 전극들에 대해 일산화탄소 벗김전압전류법을 측정한 결과를 나타낸다. 촉매 표면에 백금이 많이 존재할 경우(루테늄 조성 = 0.07) 일산화탄소 벗김전류 곡선은 순수한 백금일 때와 유사하게 0.6 V 이상에서 비교적 폭넓은 전압 영역에서 측정되지만, 표면 루테늄의 조성이 많아질수록 일산화탄소 벗김전류 곡선은 좁은 전압 영역에서, 그리고 더 낮은 전압에서 측정되었다. 특이한 점은 표면 루테늄의 조성이 0.5를 넘어갈 경우, 벗김전류 곡선이 나타나는 전압이 더 이상 낮아지지 않고 다시 높아진다는 것이다. 이는 순수한 루테늄으로만 구성된 전극의 경우 순수 백금으로만 구성된 전극과 유사하게 벗김전류 곡선이 높은 전압에서, 넓은 전압 범위에 걸쳐 측정되기 때문이라고 볼 수 있다. 이러한 특징 때문에 일산화탄소 벗김전압전류법 측정은 촉매 표면에서 백금과 루테늄의 조성을 간접적으로 측정해 보는 도구를 사용된다.

일산화탄소 벗김전류전압법을 활용한 좋은 예는 DMFC를 장시간 운전하면서 성능 저하의 원인을 찾기 위해 일정 시간마다 DMFC 스택을 구성하는 셀들을 하나씩 꺼내어 분석할 때 일산화탄소 벗김전류전압법을 측정한 것이다. 미국의 한 국립연구소에서 6개의 셀로 구성된 DMFC 스택을 850 시간 장기 안전성 테스트를 진행하면서, 일정 시간 마다 스택으로부터 하나의 셀을 분리하여, DMFC 성능 측정, 애노드와 캐소드 전극에 대한 순환전류전압법 및 일산화탄소 벗김전압전류법 측정하고 그 결과를 비교해 보았다. 최종 850 시간 연속 운전 이후 DMFC 셀의 성능은 크게 감소되어 [그림 13-3]과 같은 결과를 얻게 되었다.

뿐만 아니라, [그림 13-4]에 나타난 것처럼 100시간 DMFC 운전 후 캐소드 백금 전극의 일산화탄소 벗김전압전류법 결과는 순수 백금 전극일 때에 비해 상대적으로 낮은 전압에서 측정되었고, 연속 운전 시간이 길어질수록 그 결과는 점점 더 낮은 전압 쪽으로 이동하여, 백금/루테늄 전극과 유사한 결과를 보이게 되었다. 이를 토대로 DMFC 연속 운전시 애노드의 백금/루테늄 전극으로부터 일부의 루테늄이 전해질을 통해 캐소드로 이동하여 백금 표면 위에 흡착되는 루테늄 크로스오버(crossover) 현상이 최초로 관찰된 것이다. 다른 여러 가지 측정 방법이 이용되기는 했으나 일산화탄소 벗김전류전압법 측정이 가장 확실한 증거를 제시한 것으로 알려져 있다.

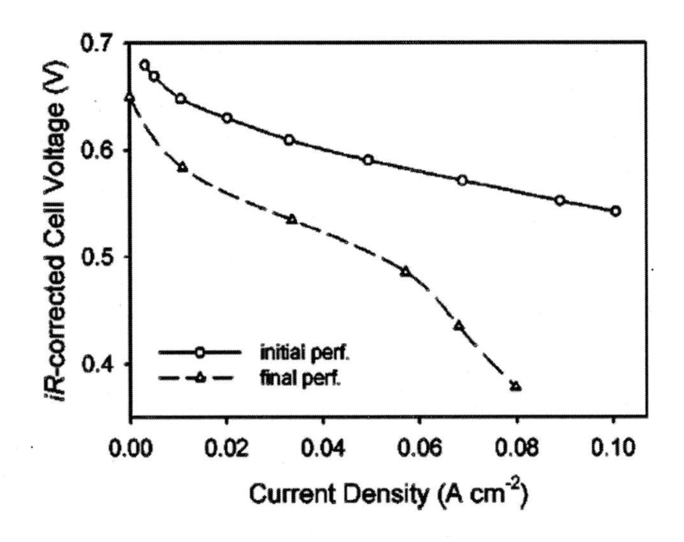

| 그림 13-3 | DMFC 850시간 연속 운전 전후의 성능 비교

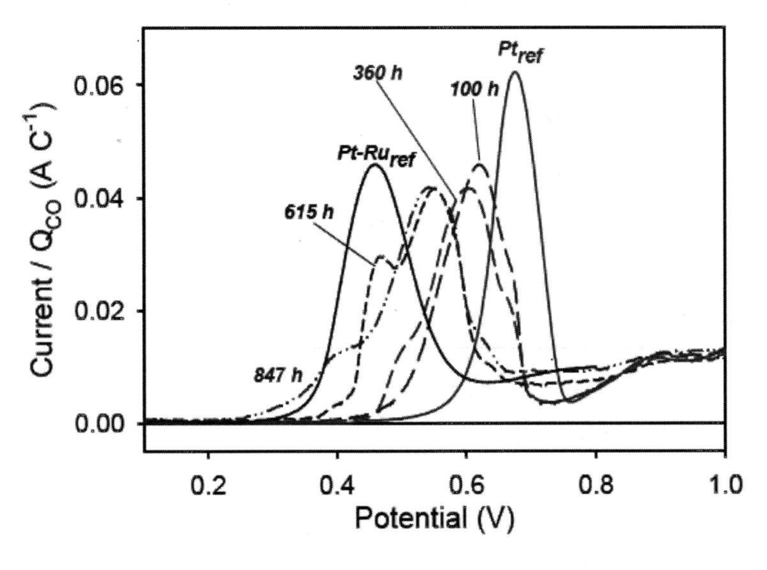

| 그림 13-4 | 캐소드 백금 전극의 시간대별 일산화탄소 벗김전압전류법 결과

본 장에서는 앞 서 제시한 방법대로 DMFC의 성능을 측정해 본 후, DMFC 단위전지 상태에서 애노드와 캐소드의 일산화탄소 벗김전류전압법을 측정하는 방법에 대해 실험해 보고, 백금/루테늄 전극과 백금 전극에 의한 결과 차이를 비교해 본다.

3 실험기구 및 시약

- DMFC 단위셀 (반응면적 5 cm^2)
- 고분자 전해질 막 (Nafion 115)
- 백금 촉매, 백금/루테늄(1:1) 촉매
- 발수 처리된 탄소천 (가스확산층)
- 5 wt% Nafion 용액
- 0.5M 메탄올 용액
- 공기 가스, 질소 가스, 수소 가스, 일산화탄소 가스
- 연료전지 평가 장치
- 전기화학특성 평가 장치

4 실험방법

(1) DMFC 단위전지 조립 및 평가

① 앞서 제시한 대로 DMFC 단위전지 조립을 위해 MEA를 제조한다

② MEA, 가스킷, 분리판 등을 이용하여 DMFC 단위전지를 조립한다.

③ PEMFC 성능 평가 순서에 따라 운전 조건을 설정하고, 성능 안정화 후 PEMFC 성능 평가를 실시한다.

④ 애노드에 수소 대신 0.5 M 메탄올을 공급하여 안정화 시킨 후, DMFC 성능 평가를 실시한다.

(2) 캐소드 백금 전극의 일산화탄소 벗김전류전압법 측정

① DMFC 성능 테스트 후 메탄올과 산소(공기)의 공급을 멈추고 DMFC를 상온으로 온도를 내린다.

② 캐소드 백금 전극에 일산화탄소를 흡착시키기 위해 캐소드에는 일산화탄소(1 % CO in N_2)를 공급하고, 애노드에는 표준수소전극 형성을 위해 수소를 공급한다.

③ 애노드에 형성된 기준 전극에 근거하여 일산화탄소 흡착이 진행되도록 캐소드에 0.1 V를 30분 동안 가한다.

④ 캐소드 내부에 존재하는 일산화탄소 잔량을 제거하기 위해 10분 동안 질소를 공급한다.

⑤ 캐소드에 흡착된 일산화탄소의 산화반응을 위해 0 V 에서 1.3 V까지 5 mV/s의 속도로 2회 반복 벗김전압전류법 측정을 실시한다.

(3) 애노드 백금/루테늄 전극의 일산화탄소 벗김전류전압법 측정

① 애노드 백금/루테늄 전극에 일산화탄소를 흡착시키기 애노드에는 일산화탄소(1 % CO in N_2)를 공급하고, 캐소드에는 표준수소전극 형성을 위해 수소를 공급한다.

② 캐소드에 형성된 기준 전극에 근거하여 일산화탄소 흡착이 진행되도록 애노드에 0.1 V를 30분 동안 가한다.

③ 애노드 내부에 존재하는 일산화탄소 잔량을 제거하기 위해 10분 동안 질소를 공급한다.

④ 애노드에 흡착된 일산화탄소의 산화반응을 위해 0 V 에서 0.9 V까지 5 mV/s의 속도로 2회 반복 벗김전압전류법을 실시한다.

5 실험결과 및 계산

(1) 캐소드 백금 촉매의 일산화탄소 벗김전압전류법 결과 그래프

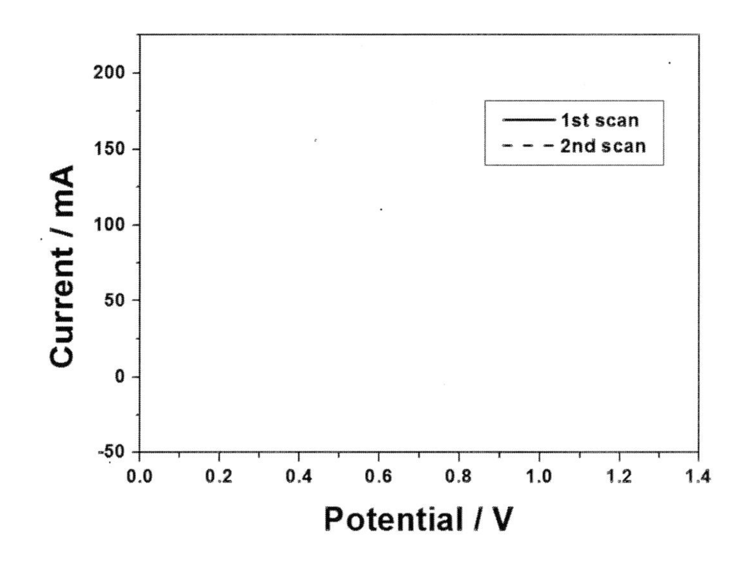

(2) 애노드 백금/루테늄 촉매의 일산화탄소 벗김전압전류법 결과 그래프

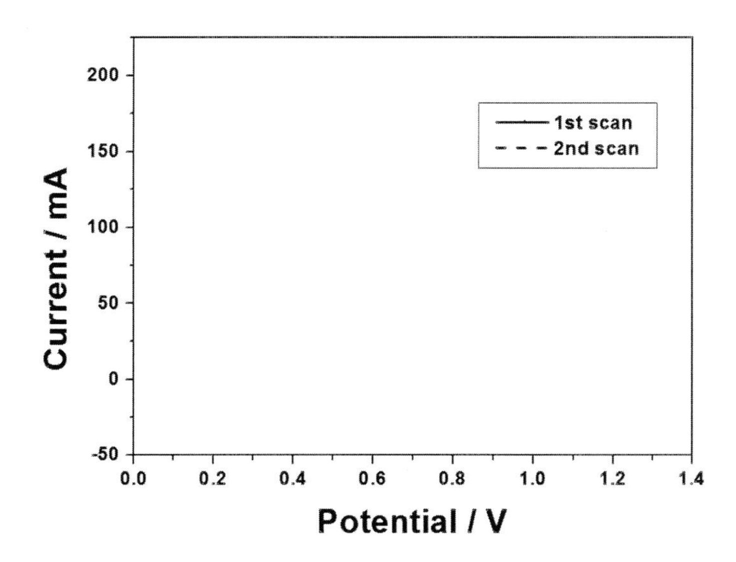

실험 보고서

실험 13. 직접 메탄올 연료전지의 일산화탄소 산화반응 측정

담당교수		조번호	
담당조교		학번	
공동실험자		실험일자	
학과		제출일자	

1. 실험목적

2. 실험원리

3. 실험기구 및 시약

4. 실험방법

5. 결과 및 계산

6. 결과 분석 및 토의

7. 참고문헌

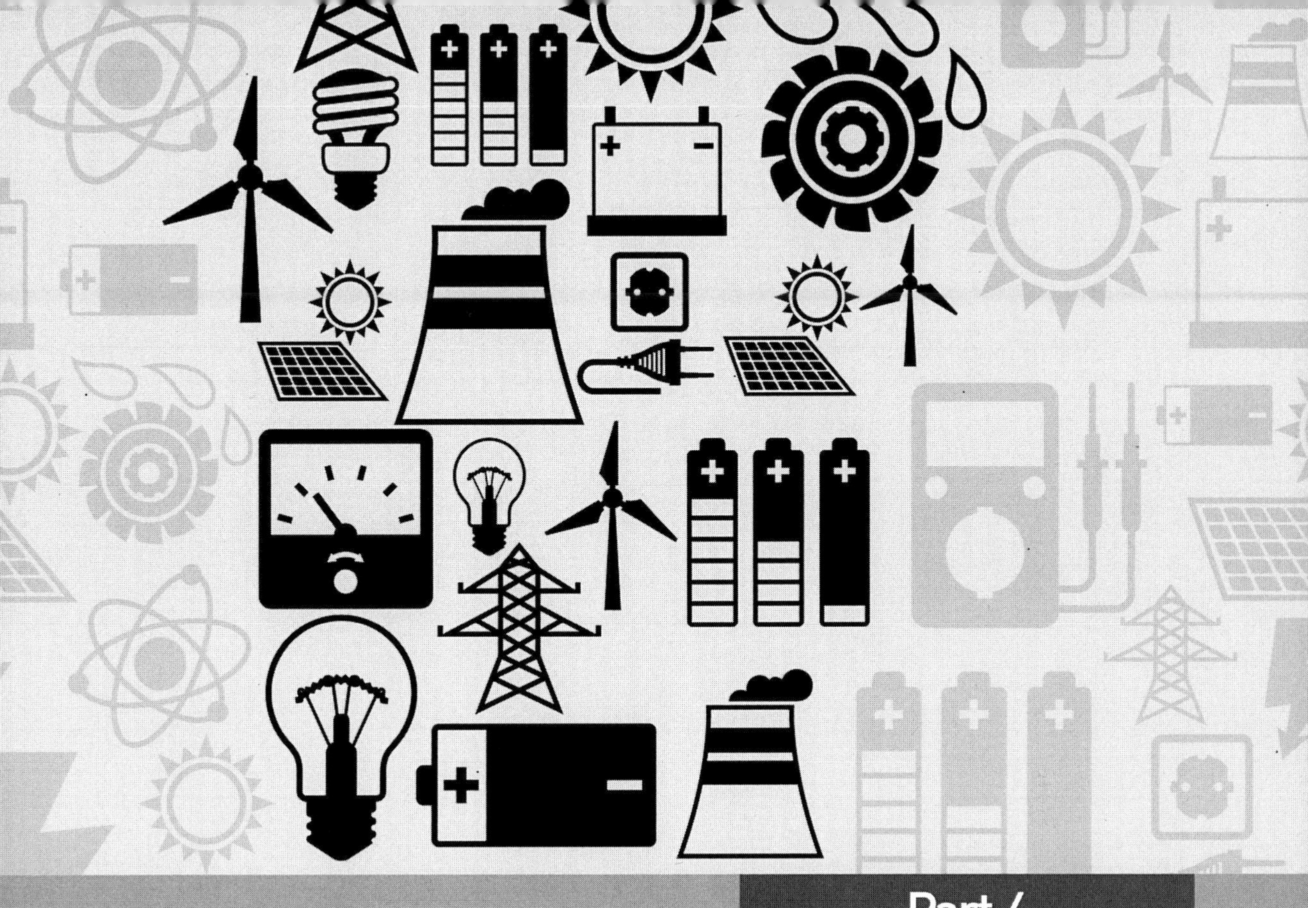

Part 4

에너지 저장 장치 성능 평가

실험 14 : 일체형 재생 연료전지의 성능 평가

1 실험목적

일체형 재생 연료전지의 구동 원리를 이해하고, 연료전지 성능을 좌우하는 인자의 제어를 통해 실제 작동 전압이 변화됨을 이해한다.

2 개요

풍력발전과 태양광발전 등을 이용한 신재생에너지원에서 발생되는 전력을 안정적으로 공급하고 출력 변동을 최소화하기 위해서 계통연계가 가능한 전력 저장 장치의 개발이 필수적으로 대두되고 있다. 최근 연구가 진행되고 있는 전력 저장 장치로는 리튬전지를 비롯해 나트륨-황(Na-S)전지, 레독스 흐름전지(Redox Flow Battery, RFB), 일체형 재생 연료전지(Unitized Regenerative Fuel Cell, URFC) 등을 들 수 있다. 이 중 일체형 재생연료전지(URFC)는 재생연료전지시스템(Regenerative Fuel Cell, RFC) 기술에서부터 시작된 기술이므로 RFC에 대한 먼저 살펴볼 필요가 있다. [그림 14-1]에 나타낸 것처럼 RFC 시스템은 태양광발전 또는 풍력발전, 그리고 저온 수전해 시스템 및 연료전지로 구성된다. 이 기술은 신재생에너지원으로만 구성되어 있기 때문에 친환경적이고 에너지의 고갈을 염려하지 않아도 된다는 장점이 있다. 즉, 태양광발전이나 풍력발전에 의해 생산된 전기를 전기의 형태로 저장하는 것이 아니라 수전해 시스템을 통해 물을 전기분해한 후 제조된 수소와 산소를 저장해 놓는 것이다. 전기가 필요할 경우 저장된 수소와 산소를 연료로 하여 연료전지 발전을 통해 전기를 생산하는 것이다.

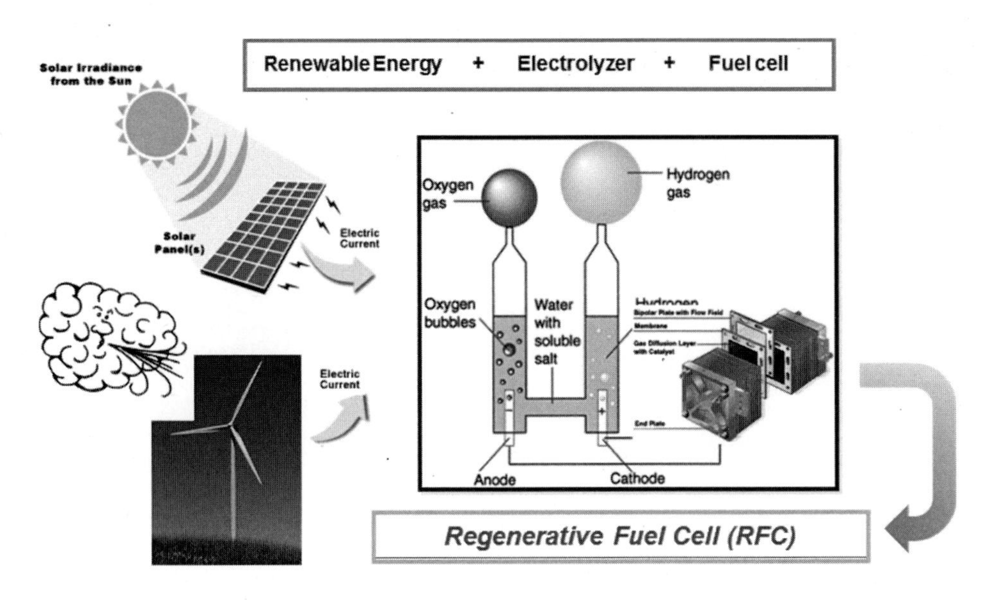

| 그림 14-1 | 재생형 연료전지(RFC)의 개요

그러나 이러한 RFC 기술은 체계연동이 복잡하고 구동 시스템이 많아 제조단가가 높다는 단점이 있다. 상기 문제를 개선하기 위해 구성 부품이 거의 동일한 저온 수전해 시스템과 연료전지를 하나의 시스템으로 구성한 일체형 재생 연료전지(URFC) 기술이 개발되었다. 기존 RFC 기술과의 극명한 차이점은 하나의 시스템에서 수전해 시스템과 연료전지 시스템을 구동할 수 있다는 점이며 이는 RFC 시스템의 가장 큰 문제점인 체계 연동의 복잡성 및 제조단가 문제를 일거에 해소하는 기술적 진보를 이끈 것이다.

URFC는 기본적으로 연료전지 모드와 전기분해 모드로 구성되는데, 구동 모드별 작동 개념도를 [그림 14-2]에 나타내었다. 연료전지 모드에서는 기존 연료전지 구동과 동일하며 수소와 산소의 산화환원반응을 통해 전기와 물을 생성하는 시스템이다. 반대로, 전기분해 모드에서는 연료전지 반응에서 부산물로 생성된 물을 전기 분해시킴으로써 셀 내에서 다시 수소와 산소를 발생시키는 시스템이다. 이때 재생된 수소 및 산소를 연료전지 모드에 공급하여 전기에너지를 얻어내는 기술이 바로 URFC 기술의 핵심이라 할 수 있다.

[그림 14-3]은 전체 시스템 측면에서 URFC 구동 과정의 이해를 도모 하고자 시스템 구성 및 이들의 작동 과정을 모식화하여 나타냈다. 앞서 언급하였듯이, URFC 시스템은 두 개의 개별 시스템인 연료전지와 전기분해를 하나의 시스템인 URFC로 일체화하여 구동시킨다. 즉, 초기에 저장조의 물을 URFC에 공급하여 외부 전기를 인가함으로써 물의 전기

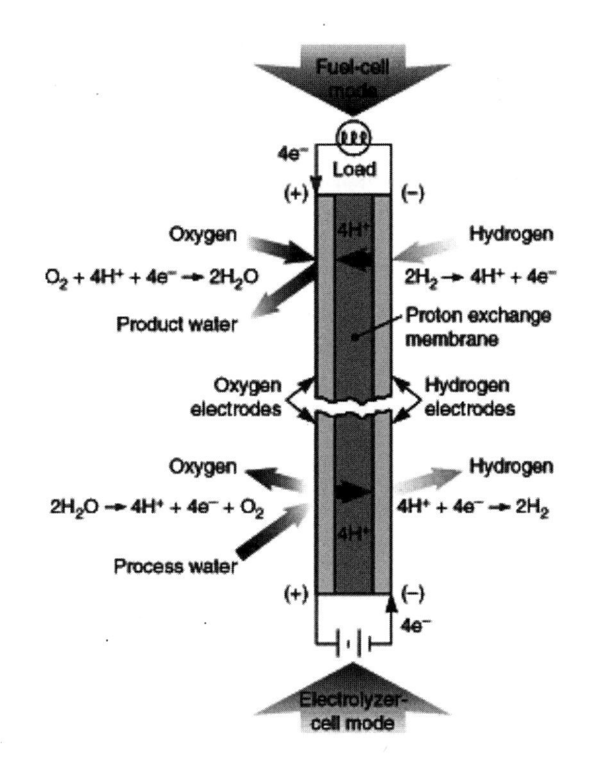

| 그림 14-2 | 일체형 재생 연료전지 시스템(URFC)의 작동 개념도

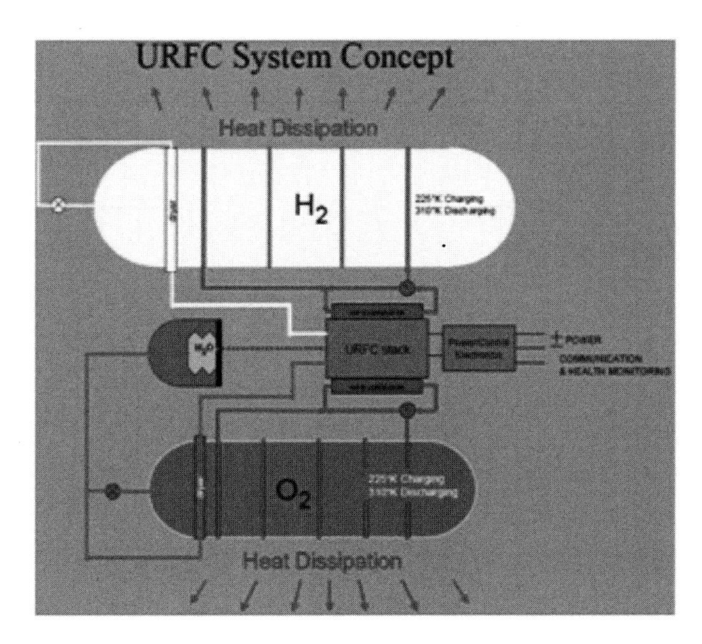

| 그림 14-3 | 일체형 재생 연료전지(URFC) 시스템 구성 개념도

분해를 유도하여 수소와 산소를 생성하고 생성된 수소와 산소는 탱크에 저장한다. 이 때 URFC는 전기분해 모드로 구동된다. 여기서 외부 전기는 URFC가 대체로 독립 전원 공급용으로 개발되기 때문에 주로 태양전지와 연계하여 공급받게 되지만, 필요에 따라 풍력, 파력, 지열 등의 재생 에너지원뿐만 아니라 기존의 한전 선로를 따라 공급해도 무방하다고 볼 수 있다. 이후, 전기에너지가 필요한 시점에서 저장 탱크의 수소와 산소를 URFC에 공급하여 수소의 산화반응과 산소의 환원반응을 통해 전기 에너지를 생성하는 것이다. 이때 URFC는 연료전지 모드로 구동된다.

URFC의 경우 차세대 독립 분산 전원으로 최근 관심이 크게 증가하고 있다. 그 이유는 URFC 기술은 기존 연료전지 기술의 수소에너지 이용 효율 대비 약 20 % 정도 개선 효과가 큰 것으로 보고되기 때문이다. URFC는 고궤도 인공위성의 자세제어를 위한 안정적인 전력공급을 위한 목적으로 미국 NASA에서 최초로 개발되었다. 기존 고분자 전해질 연료전지 기술과 달리 연료전지 모드와 전기분해 모드로 통합 구성된 URFC 기술의 현재 성능 수준은 에너지 전환 효율 기준으로 약 45 % 전후로 보고하고 있다. 이러한 낮은 에너지 변환 효율은 URFC의 기술 적용에 있어서 커다란 장애가 되고 있다. 에너지 변환 효율이 낮은 요인은 URFC용 전극의 낮은 성능과 안정성, GDL 및 분리판을 구성하는 탄소 소재들의 부식, 막-전극 접합체의 계면 저항 증대 등을 들 수 있는데, 결과적으로 URFC 성능 향상을 위해서는 여러 가지 각 구성 부품의 특성 연구 및 기술 향상이 우선되어야 한다.

본 장에서는 성능 향상이 목적이 아니라 URFC를 구성하는 핵심소재인 막-전극 접합체를 이용하여 URFC를 구동해 봄으로서 그 작동원리를 이해하고자 한다.

3 실험기구 및 시약

- URFC 단위 전지 (반응면적 5 cm^2)
- 막-전극 접합체
- 수소가스, 산소가스, 질소가스
- 연료전지 평가 장치(fuel cell station)
- 전원 공급 장치(power supply)

4 실험방법

(1) URFC 단위전지 조립

① PEMFC에 사용된 동일한 막-전극 접합체(MEA)를 이용하여 URFC 성능 평가에 이용한다.

② 단위전지 체결을 위해서 아래쪽에서부터 위쪽으로 전류집전체-분리판-가스킷-캐소드전극-고분자 전해질막-애노드 전극-가스킷-분리판-전류집전체 순으로 적층한다.

③ 분리판에 형성된 구멍에 볼트와 너트를 넣고 손으로 1차 체결한 후 토크렌치를 사용하여 모든 부분에 50 kg_f의 체결압이 가해지도록 단위전지의 체결을 마무리 한다.

④ 단위전지 체결 시 애노드와 캐소드가 혼동되지 않도록 방향을 잘 표시해 둔다.

(2) URFC 단위전지 운전 준비

① 조립된 단위전지를 연료전지 평가 장치에 연결한다.

② 평가 장치에서부터 나오는 수소의 입구와 출구, 공기의 입구와 출구를 단전지에 연결하고, 단전지 온도 조절에 필요한 가열봉(cell heater)과 온도센서(thermocouple)을 연결한다.

③ 단위전지의 전압과 전류의 측정에 필요한 케이블을 연결한다.

(3) URFC 단위전지 성능 평가 – 연료전지 모드

① 연료전지 평가장치 전원을 켜고 장비 운영 프로그램을 작동시킨 후 작동조건 및 작동변수를 제어한다.

② 애노드와 캐소드에 가습된 수소와 산소를 일정량 공급을 시작한 후 개방회로전압(open circuit voltage, OCV)이 제대로 측정이 되는지 확인한다

③ 개방회로전압이 안정화되면 단위전지의 전압을 0.6 V 설정한 후 전류가 제대로 발생하는지 확인한다. 단위전지를 개방회로전압 상태로 오랜 시간 방치할 경우 캐소드 촉매의 산화로 인해 단위전지의 성능이 감소하는 등 단위전지의 상태가 최적화 된 것이 아니므로, 준비 및 대기 단계에서는 단위전지의 전압을 0.6 V로 설정하는 것이 좋다.

④ 정상적으로 전류가 발생되는지 확인이 되면, 수소와 공기의 가습기 온도, 단위전지의

온도를 희망하는 값으로 설정한 후, 온도가 안정화될 때까지 기다린다. 이 때 온도변화에 따라 단위전지에서 발생하는 전류 역시 변하기 때문에 온도 안정화 후 전류값이 안정화 될 때까지 기다린다.

⑤ 더 이상 전류값이 변하지 않는다면 단위전지 활성화가 완료된 것이므로 단위전지 성능 테스트 실험을 실시한다.

⑥ 연료전지 모드는 PEMFC 성능 평가와 동일한 방법으로, 정전압 모드로 개방회로전압부터 0.5 V까지 0.05 V 간격으로 전압을 감소시킨 후 다시 1 V까지 증가하면서 발생하는 전류를 측정한다.

(4) URFC 단위전지 성능 평가 - 전기분해 모드

① URFC 전기분해 모드 측정을 위해서는 PEMFC 운전 때와는 달리 연료 공급을 바꿔야 한다.

② 수소와 산소를 애노드와 캐소드에 공급하는 대신 애노드와 캐소드 양쪽전극에 일정한 속도(10-50 ml/min)로 증류수를 공급한다.

③ 외부 전원 공급 장치로 URFC에 전압을 1 V부터 2 V까지 일정한 간격으로 전압을 증가시켜 가하며, 발생하는 전류를 측정한다.

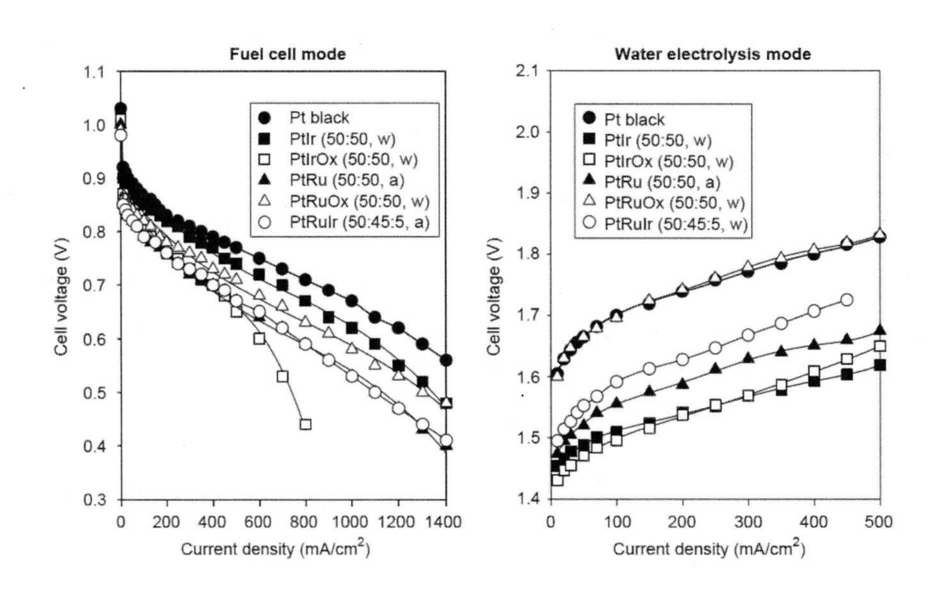

| 그림 14-4 | 일체형 재생 연료전지(URFC) 성능 측정 예

5 실험결과 및 계산

(1) URFC 연료전지 모드 측정 결과

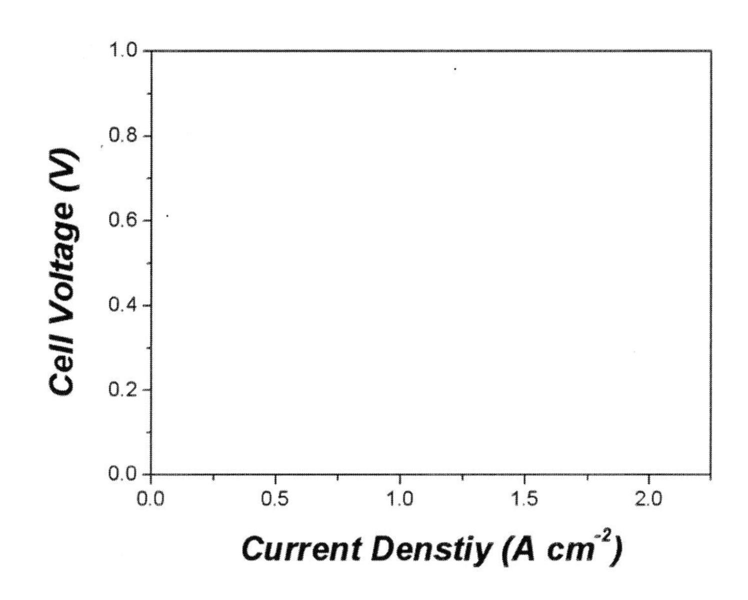

(2) URFC 전기분해 모드 측정 결과

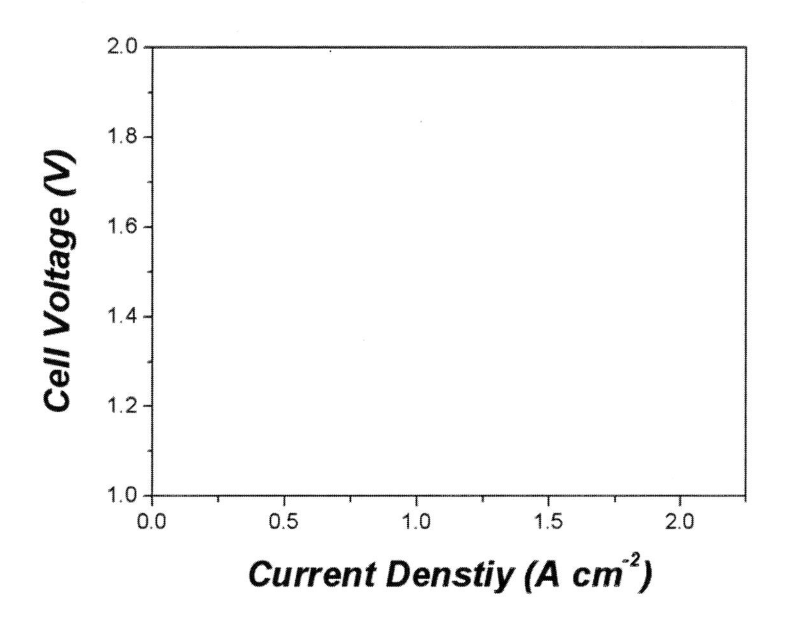

실험 보고서

실험 14. 일체형 재생 연료전지의 성능 평가

담당교수		조번호	
담당조교		학번	
공동실험자		실험일자	
학과		제출일자	

1. 실험목적

2. 실험원리

3. 실험기구 및 시약

4. 실험방법

5. 결과 및 계산

6. 결과 분석 및 토의

7. 참고문헌

실험 15 : 레독스 흐름전지의 성능 평가

1 실험목적

레독스 흐름전지의 구동 원리를 이해하고, 직접 단위전지를 조립하고 성능을 평가하는 방법을 배운다.

2 개요

레독스 흐름전지(Redox Flow Battery, RFB)는 에너지 저장장치(Energy Storage System)의 일종으로서 특유의 안정성, 설계 용이성 등의 장점으로 기대를 모으고 있는 개념이다. 레독스 흐름 전지는 전기화학적으로 전하를 발생시킬 수 있는 레독스 쌍(redox couple)의 산화환원반응을 통하여 충전과 방전을 할 수 있는 2차전지이다.

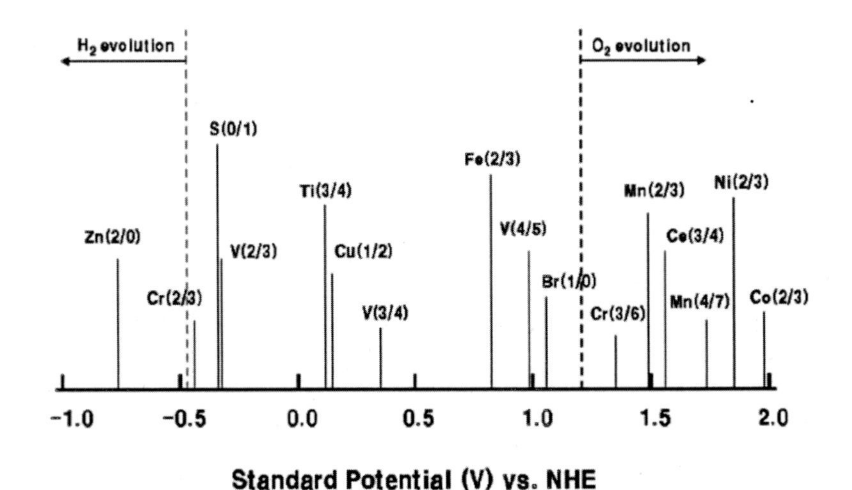

| 그림 15-1 | 레독스 흐름전지의 redox couples 표준 전위

레독스 흐름전지에 적용할 수 있는 레독스 쌍은 산화환원반응을 통해 전하를 발생시킬 수 있는 거의 모든 물질을 적용할 수 있는데, 가장 대표적인 물질로는 바나듐이 있다. 바나듐의 경우 바나듐 이온간의 산화환원반응만으로도 상당한 수준의 출력을 이끌어낼 수 있고, 단일 물질을 활물질로 채용함으로 인해 부 반응이 발생할 가능성이 낮아진다는 장점이 있다.

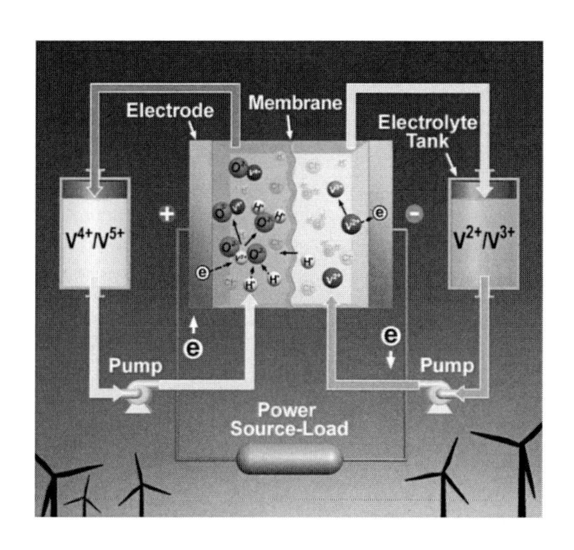

| 그림 15-2 | 바나듐 레독스 흐름전지의 기본 구조 및 반응

바나듐 레독스 흐름전지(Vanadium Redox Flow Battery, VRFB)는 대표적인 흐름전지로 양극과 음극 전해질로 바나듐을 사용하며 전해질의 산화 및 환원반응에 의해 충방전이 일어나는 이차전지이다. 일반적인 전지와의 가장 큰 차이점은 에너지가 저장되는 전해질을 순환시키면서 충전과 방전이 이루어진다는 점이다. 충방전은 산화와 환원의 전기화학적 반응이 일어나는 스택에서 이루어지고, 전기는 별도의 탱크에 보관되는 전해질에 저장되게 된다.

레독스 흐름전지의 성능은 주로 셀을 이루는 구성요소인 분리막과 전극, 전해액, 전지의 시스템적 운용방법에 의해 좌우된다. 특히 분리막과 전해액에 주로 채용되는 바나듐의 경우 가격이 높은 편이기 때문에 소재개발 측면과 실제 현장 적용 시 이송펌프에 의해 소모되는 동력에 의한 손실 때문에 유량설정에 따른 소모동력과 출력간의 최적화를 위한 시스템적 측면에서 연구가 활발히 진행되고 있다.

본 실험에서는 상용 바나듐 레독스 흐름전지를 이용하여 충방전을 통해 얻게 될 데이터를 분석하고 전지의 성능을 평가하는 방법에 관하여 살펴봄으로 레독스 흐름전지의 구동원리를 이해하도록 한다.

3 실험기구 및 시약

- 레독스 흐름전지 단위전기(반응면적 5 cm^2)
- 전해액 (1.5 M $VOSO_4$ in 3 M H_2SO_4) 1 L
- 15 cc 전해액 탱크
- 단위전지용 펌프
- 튜브, 오-링 등
- 충방전 테스트기

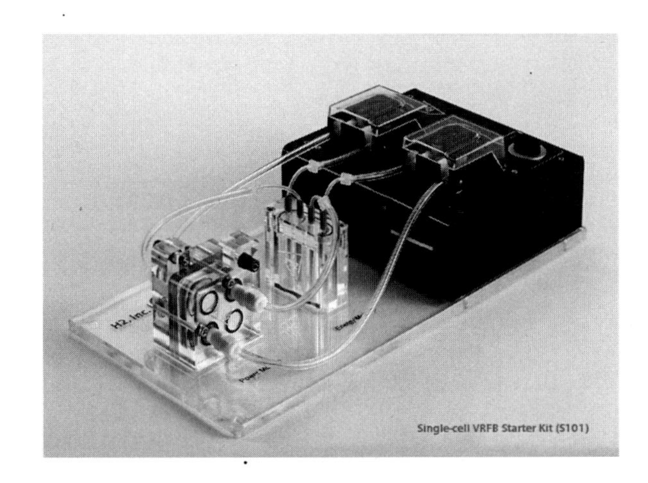

| 그림 15-3 | ㈜에이치투에서 판매하는 VRFB 단위전지 세트

4 실험방법

(1) VRFB 단위전지 조립 및 운전 준비

① VRFB 단위 전지 세트의 튜브들을 안내에 맞게 연결한 후 전해액 탱크에 바나듐 전해액을 채운다.

② 펌프를 작동시키고 전해액이 셀 내부의 카본펠트와 분리막을 충분히 함습시키도록 30분간 유지한다.

③ 단위전지를 흔들어 셀 내부에 잔존하는 공기방울을 제거한다.

(2) VRFB 단위전지 성능 평가

① 단위전지와 충방전기에 연결한다. 단위전지의 성능 평가는 예비 활성화, 충전 및 방전 등의 3단계로 구성한다.

② 예비 활성화 단계에는 정전류 모드로 40 mA/cm^{2}를 단위전지에 가하면서 1.75 V까지 충전한다.

③ 두 번째 충전 단계에는 정전류 모드로 40 mA/cm^{2}를 단위전지에 가하면서 1.8 V까지 충전한다.

④ 마지막 방전 단계에는 정전류 모드로 40 mA/cm^{2}를 충전 단계와 반대 방향으로 단위전지에 가하면서 0.8 V까지 방전한다.

⑤ 위와 같은 충방전을 10회 이상 반복한다.

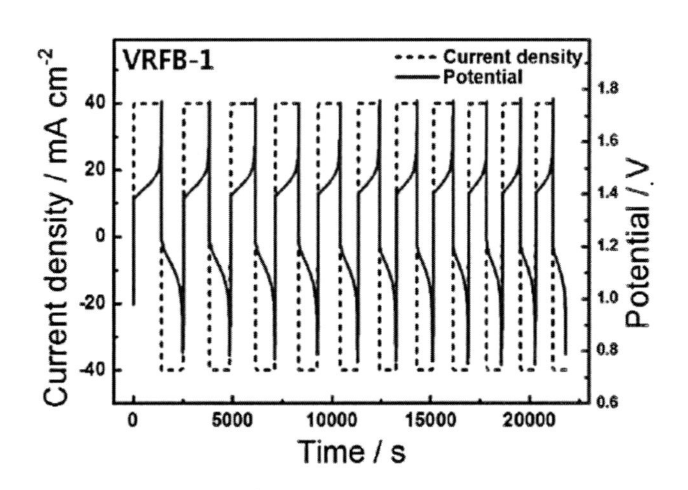

| 그림 15-4 | VRFB 단위전지 충방전 측정 예

5 실험결과 및 계산

(1) VRFB 충방전 곡선 그래프

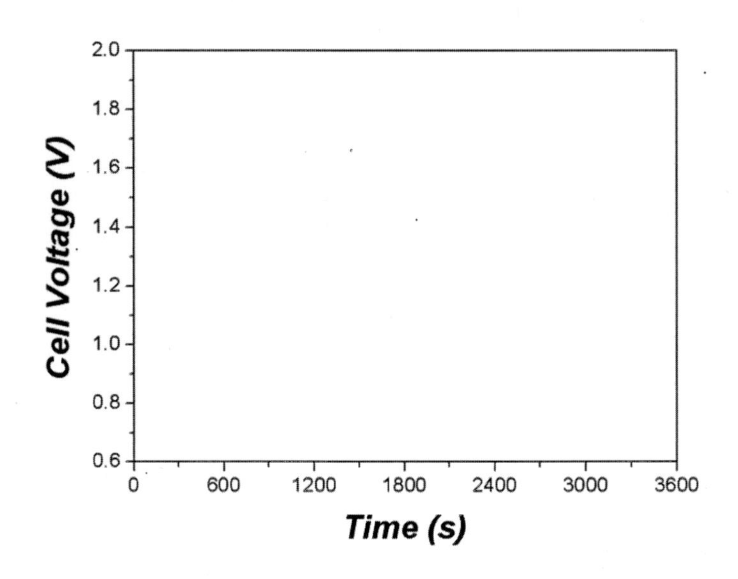

(2) 전압 효율(Voltage Efficiency, VE) 계산

$$\text{전압 효율} = \left[\frac{\text{평균 방전 전압}}{\text{평균 충전 전압}}\right] \times 100\% =$$

(3) 쿨롱 효율(Coulombic Efficiency) 계산

$$\text{쿨롱효율} = \left[\frac{\int Discharge\ Current\ dt}{\int Charge\ Current\ dt}\right] \times 100\% =$$

(4) 에너지 효율(Energy Efficiency) 계산

에너지효율 = 전압효율 × 쿨롱효율 =

실험 보고서

실험 15. 레독스 흐름전지의 성능 평가

담당교수		조번호	
담당조교		학번	
공동실험자		실험일자	
학과		제출일자	

1. 실험목적

2. 실험원리

3. 실험기구 및 시약

4. 실험방법

5. 결과 및 계산

6. 결과 분석 및 토의

7. 참고문헌

참고문헌

(1) D. S. Cameron, G. A. Hards, B. Harrison, R. J. Potter, *Platinum Met. Rev.,* 31, 173 (1987)

(2) L. Carrette, K. A. Friedrich, U. Stimming, *Chemphyschem*, 1, 162 (2000)

(3) A. Hamnett, *Catal. Today*, 38, 445 (1997)

(4) A. S. Aricoy, S. Srinivasan, V. Antonucci, *Fuel Cells*, 1, 133 (2001)

(5) A. Wieckowski, M. Rubel, C. Gutierrez, *J. Electroanal. Chem.*, 382, 97 (1995)

(6) 조영일, 남기석, "고분자 연료전지 공학: 이론과 실제", ㈜북스힐 (2008)

(7) T. S. Zhao, K. -D. Kreuer, T. V. Nguyen, "Advances in Fuel Cells", Elsevier (2007)

(8) 오승모, "전기화학", 자유아카데미 (2010)

(9) 백운기, 박수문, "전기화학, 계면과 전극과정의 과학기술", 청문각 (2009)

(10) H. A. Gasteiger, N. Markovic. P. N. Ross, E. J. Cairns, *J. Phys. Chem.*, 98, 617 (1994).

(11) J. Larminie, A. Dicks, "Fuel Cell System Explained", Wiley (2000)

(12) J. Lipkowski, P. N. Ross, "Electrocatalysis", Wiley-VCH, New York (1998)

(13) M. Watanabe, S. Motoo, *J. Electroanal. Chem.*, 60, 267 (1975)

(14) 이재영, "전기화학적 분석기법", 연료전지 심층교육, 2004년 7월 15일, KIST

(15) 이재석, "연료전지 막의 고분자 화학", 연료전지 핵심기술연구센터 초급 교육, 2009년 6월 25일

(16) 홍영택, 최종호, 최준규, "연료전지 핵심원천 기술 개발 - DMFC용 탄수소계 전해질막 상업화 기반기술 개발 과제 보고서", 한국화학연구원 (2009)

(17) 문승현, "연료전지 막의 제조와 특성 분석", 연료전지 핵심기술연구센터 통합 교육, 2009년 10월 22일

(18) W. Vielstich, A. Lamm, H. A. Gasteiger, "Handbook of Fuel Cells", Wiley (2003)

(91) Q. Li, R. He, J. O. Jensen, N. J. Bjerrum, *Chem. Mater.*, *15,* 4896 (2003)

(20) K. A. Mauritz, R. B. Moore, *Chem. Rev.*, *104*, 4535 (2004)

(21) B. R. Ezzell, W. P. Carl, W. A. Mod, *US Patent 4,358,412* (1982)

(22) D. J. Connollym, W. F. Gresham, *US Patent 3,282, 875* (1996)

(23) J. M. Serpico, S. G. Ehrenberg, J. J. Fontanella, X. D. Perahia, K. A. McGrady, E. H. Sanders, G. E. Kellogg, G. E. Wnek, *Macromolecules*, *35,* 5916 (2002)

(24) A. J. Bards, L. R. Faulkner, "Electrochemical Methods - Fundamentals and Applications", 2nd Edition, John Wiley & Sons (2001)

(25) Z. Zuo , Y. Fu, A. Manthiram, *Polymers*, 4(4), 1627 (2012)

(26) J. H. Choi, "Influence of Ru in Electrocatalysts on the Performance of Direct Methanol Fuel Cells", Ph. D. Thesis, Gwangju Institute Science & Technology (2007)

(27) P. Piela, C. Eickes, E. Brosha, F. Garzon, P. Zelenay, *J. Electrochem. Soc.*, 151, A2053 (2004)

(28) F. Mitlitsky, B. Myers, A. H. Weisberg, *Energy & Fuels*, 12, 56 (1998)

(29) S. -D. Yim, G. -G. Park, Y. -J. Sohn, W. -Y. Lee, Y. -K. Yoon, T. -H. Yang, S. Um, S. -P. Yu, C. -S. Kim, *Int. J. Hydrogen Energ.*, 30, 1345 (2005)

(30) S. Jeong, S. Kim, Y. Kwon, *Electrochim. Acta*, 114, 439 (2013)

(31) 정호영, *Appl. Chem. Eng.*, 22(2), 125 (2011)

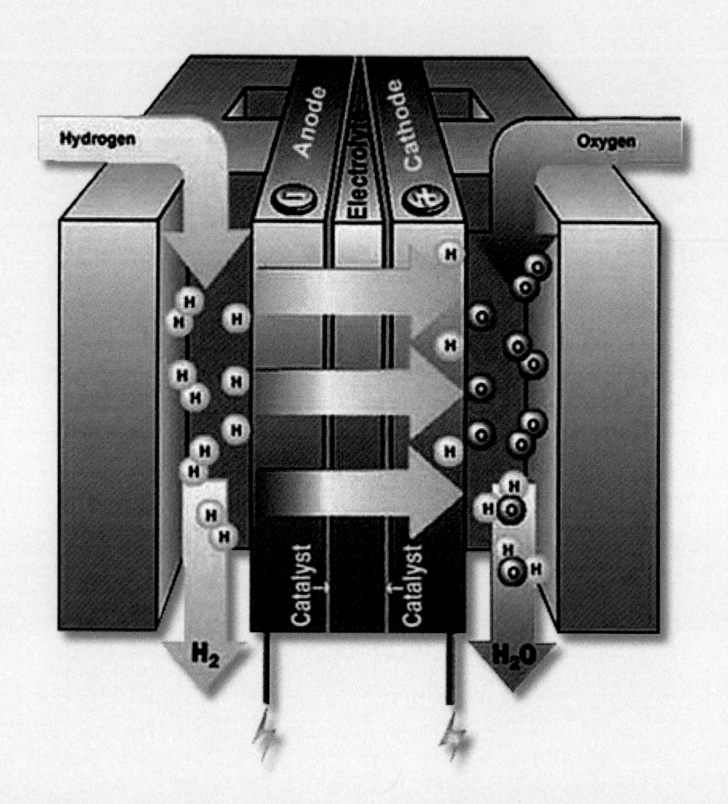

ISBN 978-89-6421-230-1

한티 에너지 과학 시리즈

신재생에너지 실험

박진남 지음